오늘도 게임하는 화학자

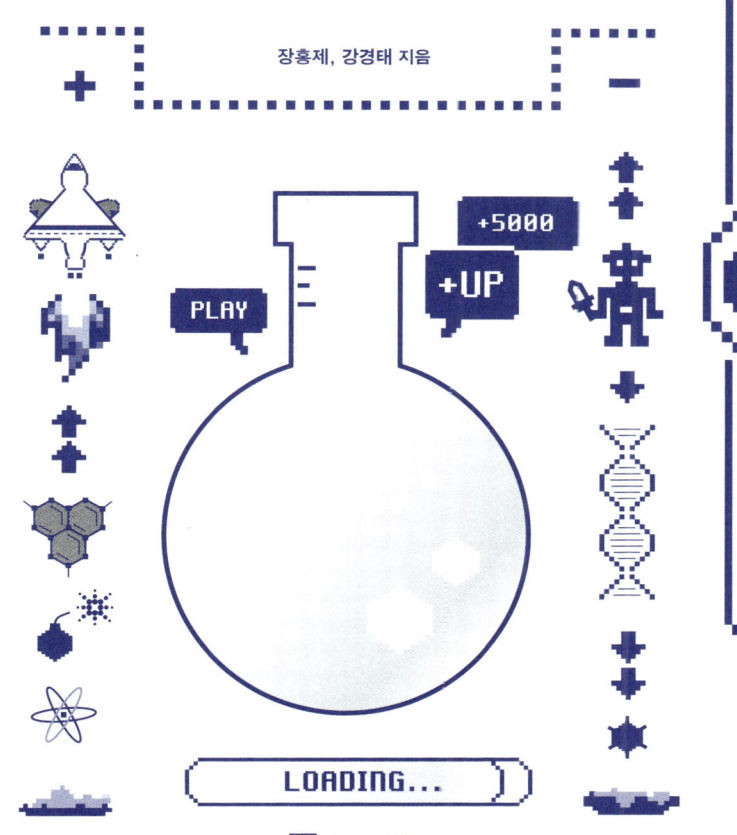

차례

들어가며

1장 · 다윈의 시뮬레이션 〈스포어〉

더 나은 존재를 만드는 법 · 13 | 진화는 레벨업이 아니다 · 15 | 생명의 기원을 찾는 화학자들 · 22 | RNA가 범인일까? · 26 | 우리는 '아직' 모른다 · 28

2장 · 연금술로 그려진 세계 〈엘든 링〉

중요한 것은 꺾이지 않는 소울 · 34 | 연금술, 상징, 그리고 엘든 링 · 36 | 거대한 연금술의 도가니 · 42 | 연금술과 화학 · 48

3장 · 원소와 반응 〈오푸스 마그눔〉

연금술 시뮬레이터 · 58 | 기계적인 원소 결합 · 63 | 원소와 원자 · 70

4장 · 화학 혁명 〈어쌔신 크리드〉

목격자가 없다면 암살이다 · 80 | 라부아지에, 혁명에 살고 혁명에 죽다 · 84 | 분자 구조의 체계 · 90 | 사실과 상상의 교차 · 94

5장 · 현실 같은 게임, 게임 같은 현실 〈젤다의 전설〉

젤다의 전설은 전설이다 · 102 | 화학 엔진과 연소 · 106 | 현실에 반응하는 게임 · 111 | 보존 법칙과 등가 교환 · 114

6장 · 화학이 연출한 역사 〈문명〉

악명 높은 중독성 · 124 | 우리나라가 질산 칼륨 보유국입니까? · 126 | 불로장생의 꿈이 인류 최악의 살상 무기로 · 129 | 손 씻기라는 문명의 유산 · 136 | 과학과 인류의 미래 · 141

7장 · 폭발하는 픽셀, 폭발하는 세계
〈마인크래프트〉

게임기 속 모래 놀이터 · 148 | 폭발하는 생명체 · 154 | 인간은 힘을 추구한다 · 158 | 더 빠르게, 더 강하게 · 162

8장 · 가장 은밀한 무기, 독
〈브롤스타즈〉와 〈던전 앤 드래곤〉

인체를 파괴하는 화학 물질 · 170 | 독은 독으로 제압한다 · 178 | 만들어진 독 · 185

9장 · 뇌가 게임을 즐기는 방식
〈테트리스〉와 〈포켓몬스터〉

게임과 몰입 · 192 | 뉴런의 화학 · 194 | 뉴런과 뇌의 간극 · 197 | 결벽증 환자를 위한 도파민 보상 · 200 | 세 마리 토끼를 잡는 몰입 메커니즘 · 203

10장 · 우주와 미래의 화학
〈스타크래프트〉

인간, 테란, 그리고 사기꾼들 · 212 | 핵반응과 핵무기 · 221 | 우주와 미래의 화학 · 228

외전 · 화학자의 K-프로게이머 따라잡기
〈스타크래프트〉와 〈리그 오브 레전드〉

임요환, 홍진호, 페이커 렛츠 고! · 234 | 스노우볼링 · 236 | 화학에게 스노우볼링이란? · 239 | 포르모스 반응 · 243 | 소아이 반응 · 246 | 대한민국이 잘할 수 있는 화학 · 250

나가며

일러두기

- 단행본과 정기간행물은 '《 》'로, 게임, 영화, 다큐멘터리, 그림은 '〈 〉'로 묶어 표시했다.
- 게임에서 사용되는 용어는 되도록 공식적인 표기를 따르려 했으나 규범 표기가 정해지지 않은 용어는 대중적으로 사용되는 표기를 참고하였다.

들어가며

여러분은 '컴퓨터 게임'이라는 단어를 들었을 때 어떤 이미지가 떠오르시나요? 아마 게임에 대해 10대 초반의 청소년, 30대 후반의 직장인, 50대 초반의 학부모가 가진 생각은 모두 제각각일 것입니다. 세대 차이는 어디에나 존재하지만, 게임이 관한 견해 차이는 그 안에서도 유독 뚜렷하게 드러나죠. 그 이유는 간단합니다. 컴퓨터 게임의 역사가 아직 그리 길지 않기 때문입니다.

우리가 흔히 말하는 컴퓨터 게임은 개인용 컴퓨터로 즐기는 게임을 뜻합니다. 여기에 더해, 텔레비전에 연결하는 전용 콘솔로 플레이하는 게임은 콘솔 게임이라 불립니다. 그리고 이 둘을 묶어 일반적으로는 비디오 게임이라고 부르죠. 지금은 너무도 익숙한 이 비디오 게임이라는 문화의 대중화는 1980년대 초반, 일본의 게임 회사들인 닌텐도, 세가, 남코 등에 의해 본격적으로 시작되었고, 1990년대에는 가정용 컴퓨터의 보급과 인터넷의 확산에 힘입어 폭발적인 성장을 이루게 되었습니다. 따라서 1990년대 이전에 학창 시절을 보낸 사람들에게 디지털 게임은 다소 낯선 존재일 수밖에 없으니, 자연스레 그에 대해 전반적으로 부정적인 인식이 자리 잡을 수밖에 없었을 겁니다.

　반면 그 이후 세대에게는 게임이 일상 그 자체였죠. 특히 이 연령대의 남성들 중에는 게임을 빼고 유년 시절을 설명하기 어려운 사람들도 많습니다. 이 책의 저자들은 1990년대 초반에 유년 시절을 보냈습니다. 당시에는 디지털 게임을 흔히 전자오락이라고 불렀고, 동전 몇 개로 게임을 즐길 수 있었던 전자오락실은 엄청난 인기를 끌었습니다. 그러나 부모님들 사이에서는 그곳이 불량 청소년들이 모이는 위험한 공간으로 여겨졌습니다. "오락실엔 가지 마라, 거긴 불량배 형들이 득실거린다"라는 말은 어머니들의 단골 대사였습니다. 학원에 간다고 해놓고 몰래 오락실에 갔다가 어머니에게 들켜 끌려 나가는 아이들도 심심치 않게 볼 수 있었죠. 그렇게 오락실에서 실랑이를 벌이던 세대가 이제는 또 다른 부모 세대가 되었지만, 게임은 여전히(어쩌면 더 심하게) 부모들을 괴롭히는 존재로 남아 있습니다. 이제는 콘솔도 컴퓨터도 필요 없이 스마트폰 하나만으로 언제 어디서든 게임을 즐길 수 있기 때문입니다. 이런 걸 보면 게임에 대한 경계심은 차도에 뛰어든 어린아이를 구하고자 하는 어른의 본능적인 감정에 가까운 것인지도 모르겠습니다.

　그러나 게임을 놓고 자녀와 옥신각신하는 사이, 게임 산업은 눈부신 속도로 성장해 이제는 부정할 수 없는 하나의 문화가 되었습니다. 전 세계적으로 e스포츠가 자리를 잡았고, 게임 산업의 규모는 영화나 음악을 능가할 정도로 성장했습니다. 부모가 원하든 원하지 않든, 이제 우리의 아이들은 게임과 함께 살아가게 될 것이 분명합니다.

　게임이 이토록 강력한 파급력을 지니는 이유는 누구나 게임에 쉽게 몰입할 수 있기 때문입니다. 게임 세계는 현실 세계보다 훨씬 자유롭습니다. 그래서 게임 개발자는 사용자의 취향이나 요구 사항을 즉각적으로 반영해 줄 수 있죠. 또한 현실에서는 수없이 좌절을 겪어도 아무런 보상이 없을 수 있지만, 게임에서는 노력한 만큼 정확히 보상받곤 합니다. 그렇게 게임은 종종 뜻대로 되지 않는 현실을 잠시 잊을 수 있는 피난처가 되기도 합니다.

　하지만 게임의 진짜 매력은 직접 세상을 구성하고 실험할 수 있다는 데 있습니다. 〈엘든 링〉, 〈젤다의 전설〉, 〈마인크래프트〉, 〈문명〉과 같은 게임들은 고도로 정교하게 설계된 가상의 세계를 통해 새로운 규칙을 제시하고, 그 안에서 생생하게 살아 보는 경험을 제공해 줍니다. 게임은 하나의 작은 '우주 생성 실험'이며, 가끔은 그 실험을 통해 오히려 현실 세계의 원리를 더 깊이 이해하게 됩니다.

　이 책의 저자들은 게임과 함께 자란 과학자 1세대이기도 합니다. 후배 과학자들, 특히 남성 중에는 게임을 해보지 않은 이를 찾는 것이 더 힘들 정도이지만 선배 과학자들 중에는 오히려 게임을 해본 사람이 드뭅니다. 그래서 과학자의 입장에서 바라보는 게임에 대한 이런저런 생각들은 "우리가 원조다"라고 자신 있게 말할 수 있습니다. 당연하게도 디지털 게임에 밝은 면만 존재하는 것은 아닙니다. 부모님들의 걱정처럼, 게임은 학업이나 업무와 같은 생산적 활동에 해가 될 수 있습니다. 하지만 게임을 건강하게 잘 즐길 줄만 안다면 때때로 게임은 우리에게 영감을 주는 좋은 자극이 되기도 합니다. 이 책은 '게임 1세대' 출신의 두 화학자가 생각하는 디지털 게임 속 세상을 소개하고자 합니다. 저자들이 재미있게 즐겼던 게임들과 함께 그 속에 숨겨진 화학적 요소들을 자유롭게 이야기하는 형식으로 구성되어 있죠. 누군가의 눈치를 봐 가며 게임을 즐기는 이들에게는 이 책이 그냥 지나칠 수 있는 게임 속 세상의 이치를 다시 한번 고찰할 수 있는 기회가 되길 기대합니다. 그리고 게임과 함께 자란 우리 동년배들에게는 즐거웠던 기억을 회상할 수 있는 계기가 되기를 바랍니다.

2025년 12월
장홍제, 강경태

1장

다윈의 시뮬레이션
〈스포어〉

대학원생 시절, 우연히 〈더 나은 존재를 만드는 법How To Build A Better Being〉이라는 다큐멘터리를 본 적이 있습니다. '단세포 생물로부터 인간과 같은 고등 동물이 어떻게 생겨날 수 있을까?'라는 질문과 그에 매료된 게임 개발자들에 관한 이야기였습니다. 저명한 생물학자들의 인터뷰와 함께 멋진 원시 지구의 모습이 눈길을 사로잡아서, 마치 여기에 소개된 게임을 플레이하면 신비로운 진화의 현장을 탐험해 볼 수 있을 것만 같았습니다. 당시 필자 K는 이제 막 유기화학과 생화학 공부를 시작한 학생이었습니다. 그래서인지 지식과 흥미라는 두 마리 토끼를 모두 잡겠다던 이 게임이 정말 매력적으로 보였습니다. 그것이 바로 필자 K와 〈스포어 Spore〉의 첫 만남입니다.

더 나은 존재를 만드는 법

〈스포어〉는 2008년 가을 맥시스Maxis에 의허 개발된 게임입니다.

이 게임을 개발한 윌 라이트Will Wright(다큐멘터리의 주인공)는 〈심시티SimCity〉나 〈더 심즈The Sims〉로 더욱 유명한 게임 개발자입니다.* 이 두 게임이 도시와 그 안에서의 삶만을 시뮬레이션했다면, 〈스포어〉는 야심차게도 원시 세포의 탄생부터 우주 탐험까지의 모든 과정을 시뮬레이션의 대상으로 삼았습니다. 실로 엄청난 포부가 아닐 수 없죠. 이 덕분에 〈스포어〉는 일개 대학원생뿐만 아니라 전 세계 게이머들의 기대를 한 몸에 받았습니다.

나중에 알게 된 사실이지만 이 다큐멘터리는 불행히도 게이머들을 넘어, 도무지 적당히라는 것이 없고 분위기 파악이 안 되는 어느 집단의 흥미를 끄는 데에도 성공했던 것 같습니다. 진화는 과학자, 특히 생물학자라면 밤이 새도록 떠들 수 있는 주제 중 하나입니다. 그리고 운이 좋지 않다고 해야 할지, 무려《사이언스Science》지가 〈스포어〉 속 자연, 사회, 우주과학적 요소를 검증한 결과를 보고서 형태로 게재하기에 이릅니다. T. 라이언 그레고리T. Ryan Gregory, 나일스 엘드리지Niles Eldredge, 윌리엄 심스 베인브리지William Sims Bainbridge, 마일스 스미스Miles Smith와 같은 각계각층의 과학자들이 세포, 크리처, 부족, 문명, 우주 단계를 각각 검증하였습니다. 이미 독자들은 예상했겠지만, 그 결과는 처참했습니다. 〈스포어〉는 은하 구조 부문에서 A학점을 받고 사회학에서 B+학점을 받는 등 선전하나 했지만, 진화와 관련된 모든

---

* 이러한 게임들을 샌드박스형 시뮬레이션 게임이라 부른다. 정해진 목표 없이 플레이어가 자유롭게 탐험하거나 꾸며 나가는 형식의 게임이라는 뜻이다.

생물학 분야에서는 F학점을 받았습니다. 생물학자인 그레고리와 엘드리지는 다음과 같이 총평했습니다. "〈스포어〉는 진화와 관련된 척하지만 진화의 법칙은 모두 무시해 버린, 재기있고 정교한 오락거리일 뿐이다."**

필자 K는 세월이 흘러 이제 또 한 명의 과학자가 되어 있지만, 과거 과학자들의 이 같은 혹평에 완전히 동의하진 않습니다. 게임 개발자들의 야심찬 노력을 학술 논문 심사와 같이 엄격한 잣대를 들이대며 평가하는 것은 아무래도 가혹한 처사입니다. 〈스포어〉가 유독 공격을 당했던 것은 아마도 과학적 사실을 온전히 반영한 블록버스터 대작 게임을 출시하겠다고 대대적으로 홍보한 전략이 성공을 거두었기 때문일 것입니다. 그러나 이러한 사실들과 무관하게 〈스포어〉는 재미있게 잘 만들어진 게임이고, 〈스포어〉가 그리고자 했던 원시 지구와 진화의 모습은 여전히 매력적인 과학적 고찰의 대상입니다.

진화는 레벨업이 아니다

앞에 잠시 언급되었듯, 〈스포어〉는 세포Cell, 크리처Creature, 부족Tribal, 문명Civilization, 우주Space의 5단계로 이루어져 있습니다.

** "Spore is essentially a very impressive, entertaining, and elaborate Mr. Potato Head that uses the language of evolution but none of the major principles.", J. Bohannon, "Flunking Spore", *Science* 322 (2008): 531.

세포 단계에서는 수중 단세포 생명체에서 원시적인 육상 생명체로 진화하며 크리처 단계에 다다르고, 계속된 진화를 통해 다른 개체와 상호 작용할 수 있는 능력을 얻게 됩니다. 이를 바탕으로 부족 단계에서 사회를 구성하고 문명을 건설한 뒤 끝내는 우주여행에 나서는 순서로 게임이 진행됩니다. 이 5단계는 마치 각각 별개의 게임처럼 색다른 매력을 가지고 있어, 플레이어들은 저마다 다른 방식으로 게임을 즐길 수 있습니다. 예컨대 필자 K는 미지의 세계를 탐험하는 것 같은 크리처 단계를 플레이하는 데에 대부분의 시간을 쏟았습니다.

한편 이 중에서 생물학자들의 맹렬한 공격을 받았던 부분이 바로 세포와 크리처 단계입니다. 세포 단계에서 게임을 시작하면, 우주에서 한 행성으로 떨어진 운석 안에서 탄생한 생명체로 플레이하게 됩니다. '운석에서 그냥 나타난 생명이라니 너무 성의가 없는 것 아냐?'라고도 생각할 수 있겠지만, 놀랍게도 이는 생명의 기원에 대한 유력한 학설(판스페르미아설Panspermia) 중 하나입니다. 문제는 그 다음입니다. 왜냐하면 가장 원시적이어야 할 생명체가 이미 눈, 입, 지느러미 같은 고등한 기관들을 갖추었기 때문입니다. 특히 입과 지느러미처럼 섭식과 운동에 필요한 기관은 생명체의 진화 과정에서 상당히 후반부에나 등장하는 특징입니다. 실제로 초기 지구에 나타났을 가능성이 있는 생명체는 오늘날의 박테리아와 비슷한 형태였을 것입니다. 박테리아는 주변에 존재하는 고열량 분자를 자연스럽게 흡수해서 생존 및 자가 증식을 할 수 있지만, 스스로 에너지원을 찾아서 섭식하거나 운

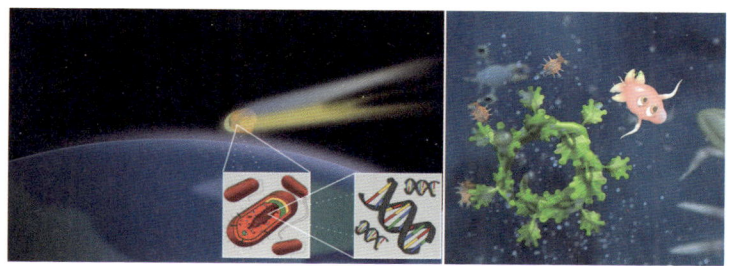

그림 1-1. 판스페르미아설 모식도(좌)와 〈스포어〉의 원시 생명체(우)

동하지는 못합니다. 이를 '화학 합성적 생명체'라고도 합니다.

생명체가 어떠한 방식으로 에너지를 흡수하는지는 진화 과정에서 매우 중요한 요소입니다. 예컨대 식물은 굳이 먹이를 찾아 헤매지 않아도 살 수 있습니다. 식물은 지구에서 얻을 수 있는 가장 근원적이고 가장 풍부한 에너지인 태양 에너지를 화학 에너지로 전환할 수 있는 능력을 가졌기 때문입니다. 오늘날 식물이 가진 엽록체에서는 저열량 화합물인 이산화 탄소를 고열량 화합물인 탄수화물로 전환하는 화학 반응이 진행됩니다. 그러나 화학 합성적 원시 생명체에게는 태양 빛을 이용할 수 있는 수단이 없었습니다. 가만히 앉아서 주변에 존재하는 화학 물질만을 통해 에너지를 얻는 것은 지나치게 비효율적인 방식이었기 때문에, 이들이 많은 에너지를 요구하는 고차원적 기관을 발달시키는 것은 불가능했을 것입니다. 생명체의 진화 초창기에 한 획을 그은 사건은 남세균Cyanobacteria으로 대표되는 원시 '광합성적 생명체'의 탄생이었습니다. 앞에서 언급한 식물과 같이 이들이 가진 특별한 능력은 태양 에너지를 이용하여 에너지가 적게 저장된 분자(이를테면 이산화 탄소)를 에너지가 풍부한 탄수화물, 지질과 같은 분자로 바꾸는 것이었습니다. 이러한 '마법'은 단순히 효율적이었을 뿐만 아니라 산소라는 부산물을 만들어 냈고, 그 결과로 이때부터 원시 지구는 우리가 아는 녹색의 지구로 점차 탈바꿈되기 시작했습니다.

〈스포어〉의 크리처 단계는 다윈의 진화론이 본격적으로 힘을 쓰는 시기입니다. 〈스포어〉의 원시 세포는 먹이를 DNA 포인트의 형태로 섭취하고, 이를 일정 수준 이상 모으게 되면 짝짓기를 통해 다음 세대로 진화하게 됩니다. 원시 생명체에게는 성과 짝짓기가 없었다는 것은 굳이 언급하지 않겠습니다. 또한 많은 독자들이 이 대목에서 '어떻게 DNA가 음식처럼 전달될 수 있나?'라고 생각하겠지만, 박테리아와 같은 원핵생물은 유전 물질 그 자체로 혹은 바이러스를 매개로 수평적 유전자 이동horizontal gene transfer을 통해 서로 유전자를 주고받을 수 있습니다. 이것은 항생제를 남용했을 때 박테리아들이 내성을 빠르게 획득하는 주요 기전 중 하나이기도 합니다. 그러니까 문자 그대로 다른 생명체로부터 유전 물질을 '탈취'해서 내 유전자에 추가하는 일이 빈번하게 일어나는 것이죠.

진화를 할 수 있는 시기가 오면 플레이어는 그때까지 모은 DNA 포인트를 활용해서 자신의 생명체를 마음껏 꾸미고 강화시킬 수 있습니다. 이러한 형태의 진화는 세포 단계뿐 아니라 크리처 단계에서도 동일합니다. 여타 게임에서 게임 캐시를 가지고 캐릭터를 꾸미는 것과 사실상 다르지 않습니다. 문제는 이를 너무 마음껏 할 수 있다는 데에 있습니다. 생물학적 진화는 적자생존의 원칙을 바탕으로 이루어지기 때문에 반드시 제약 조건이 따라붙습니다. 쉽게 이야기해서 이전 세대에서 소멸된 특징은 다음 진화 때도 배제될 가능성이 높습니다. 사라진 특징은 높은 확률로 그 개체의 생존에 불리하기 때문입니다. 그렇지만 〈스포어〉의 진화에서 제약 조건은 DNA 포인트의 총량 하나밖에 없습니다. 플레이어는 포인트가 허락하는 한 생명체를 어떠한 형태로든 자유자재로 꾸밀 수 있고, 심지어 이전 세대에서 만든 특징들을 전부 없애고 아예 새로운 생명체를 탄생시킬 수도 있습니다. 재미있는 것은 이 단계가 오히려 플레이어들의 시간을 많이 잡아먹곤 한다는 사실입니다. '어떻게 하면 더 흉측하게 만들 수 있을까?'라는 고민을 하게 만들면서 말이죠. 어찌 보면 진화에 필요한 억겁의 시간이 그런 형태로 표현된다고도 볼 수 있겠습니다.

〈스포어〉 속 진화가 좀 더 과학적으로 보이려면 내가 일으킨 변화가 생명체의 생존 활동에 더욱 중대한 영향을 미쳐야 합니다. 물론 생명체에 눈을 추가하지 않으면 어둡게 보이고, 입을 잊

그림 1-2. 〈스포어〉 유저들이 만든 괴상망측한 크리처들

어버리면 섭식을 못하는 등 어느 정도 구현되어 있긴 합니다. 하지만 실제 생명의 진화 과정에서는 몸체의 색깔을 이용하여 포식자의 눈을 피하거나 사슴의 뿔과 공작새의 깃털처럼 화려한 기관으로 짝짓기의 확률을 높이는 것 외에도, 후각이나 청각을 활용한 신호, 혹은 특정 환경에서 생존에 유리한 체온 조절, 야행성으로의 전환 같은 다채로운 진화 방식이 존재합니다.

이제는 전 국민이 알고 있는 리처드 도킨스Richard Dawkins의 유명한 저서 《이기적 유전자Selfish gene》의 표현을 빌리자면, 진화의 운전대를 잡은 유전자는 미래를 예측하거나 설계하지 않습니다. 또한 모든 진화의 방향은 개체의 다양성을 기반으로 한 특정 개체군의 무작위적 생존 우위로 결정됩니다. 여기서 가장 중요한 단어는 '개체의 다양성'입니다. 예를 들어 〈스타크래프트〉를 플레이할 때, 저그 종족의 부화장hatchery에서 생산된 저글링zergling들은 모두 다 똑같이 생겼습니다. 외향만 같은 것이 아니고 모두 동일한 이동 속도와 공격력을 가지고 있죠. 만약 이 저글링들이 미지 행성에서 생존해야 한다면 행성의 환경에 모두 같은 방식으로 적응할 것입니다. 환경이 점차 유리한 방향으로 변화한다면 다 같이 생식 활동을 활발히 하겠지만, 불리해진다면 금방이라도 멸종할 것입니다. 모두 똑같은 유전자를 가지고 있기 때문에 어느 개체가 생식에 성공하든 어차피 후대로 전해지는 유전자는 똑같습니다. 물론 진화장evolution chamber이 있으니 모든 저글링들의 공격력이나 방어력이 일괄적으로 상승하는 '진화'를 일으킬 수도 있죠. 그렇지만 이게 왜 진화생물학적으로 말이 안 되는지는 여러분도 반박할 수 있을 것이라 믿습니다. '진화는 방향이 정해져 있지 않고 누군가 강제로 일으킬 수 있는 것이 아니다'라고요.

이처럼 개체 간의 다양성은 별것 아닌 것 같지만 진화의 가장 기본적인 요소입니다. 진화생물학자들이 〈스포어〉의 크리처와 부족 단계에서 찾은 가장 큰 문제점은 바로 개체 간 다양성의 부재였습니다. 이 단계에서 육상으로 올라온 플레이어의 생명체는 자신과 똑같이 생긴 개체들과 군락을 형성해서 활동합니다. 자식 세대가 만들어진다 해도 그들 역시 크기만 작을 뿐 모두 부모 생명체와 똑같이 생겼습니다. 앞서 이야기한 〈스타크래프트〉의 상황과 같습니다. 플레이어의 생명체가 번식을 하여 자식 세대가 태어날 때, 다양한 형태와 특징(서로 너무 다르지 않은 선에서)을 가진 개체들이 탄생하도록 만들었다면 어땠을까요? 더 나아가 이들 개체군 중 일부만이 주어진 환경에서 잘 생존할 수 있고, 이들이 다시 번식을 통해 자신들의 특징을 더 잘 전달할 수 있었다면 아마도 진화생물학자들의 고개를 끄덕이게 만들 수 있었을 것입니다. 어떠한 표현형(예를 들면 큰 뿔, 강력한 턱, 날카로운 발톱)이 생존에 더욱 유리한지 예측하는 일은 생각보다 어렵습니다. 브라이언 헤어Brian Hare와 버네사 으즈Vanessa Woods의《다정한 것이 살아남는다Survival of the Friendliest》에 서술된 것처럼, 어떤 종은 강력한 전투 능력이 아니라 다른 종(인간)에게 귀여움을 받을 수 있는 행동으로도 후대에 유전자를 남기는 데 성공했습니다. 그러므로 성공적인 진화는 의도된 방향이 아니라 충분한 무작위성을 담보할 때 나타납니다.

생명의 기원을 찾는 화학자들

〈스포어〉에서는 우주에서 떨어진 생명체로 단순하게 표현되어 있지만 '생명의 기원origin of life'*은 아직도 과학자들의 호승심을 자극하는 난제입니다. 인공 지능, 사물 인터넷, 자율 주행 등 20년 전만 해도 상상 속에만 존재하던 것들이 자고 일어나면 하나씩 현실화되고 있는 세상인데도 말입니다. 사실 생명의 기원은커녕 생명 그 자체에 대해 이해하는 일도 아직 갈 길이 멉니다. 어떤 것을 이해하기 위해서는 그것을 완벽하게 분해할 수 있어야 하고 또 다시 조립해서 원상복구할 수 있어야 한다고들 하는데, 우리는 생명을 해부할 수는 있지만 한 번도 살아 숨 쉬고 돌아다니며 소리를 내는 생명체를 조립하거나 합성해 본 적은 없습니다.

미국의 이론물리학자 리처드 파인만Richard Feynman을 인터뷰한 유명한 영상이 있습니다. 자석의 N극과 S극이 서로 잡아당기고 같은 극끼리 서로 밀쳐 내는 현상을 설명해 달라는 질문에 파인만이 답변을 하는 내용입니다. 파인만은 처음에는 "둘은 서로 밀어내고 있는 것뿐이야"라고 말합니다. 그러나 질문자가 그래도 그 안에 어떤 원리가 있을 것 아니냐면서 집요하게 물어보자, 이때부터 약 7분간 파인만이 쉬지 않고 이야기하는 내용은 매우 흥미롭습니다. 그는 흔하고 단순해 보이는 어떤 과학적 현상의

---

* 종종 복수형태인 'origins of life'로 쓰이기도 한다. 진정한 생명의 기원은 하나일 확률이 높지만, 현재까지는 다양한 학설들이 존재하기 때문이다.

원리를 설명하는 데에 얼마나 다양한 깊이가 있을 수 있는지 역설하면서, 끝없이 '왜'라는 질문을 하면 결국 아무리 뛰어난 물리학자도 답할 수 없는 영역에 다다른다는 것을 보여 줍니다. 이것이 자연과학의 본질입니다. 생명의 기원에 대한 질문은 어쩌면 생물학과 화학의 영역에서 파인만의 설명처럼 '왜'라는 질문을 반복해서 던지면 도착할 수 있는 곳일지도 모릅니다.

과학적 지식의 많고 적음과 관계없이 대부분의 사람들에게 생명의 기원에 대해 물어본다면 아마도 앞서 우리가 살펴본 다윈의 진화론을 가장 먼저 떠올릴 것입니다. 다윈의 진화론은 19세기 생물학을 대격변 수준으로 뒤집어 놓은 혁신적인 이론이었지만, 생명의 기원을 논하는 관점에서는 분명한 한계를 가지고 있습니다. 바로 '생명'을 우선 가정해야 한다는 점입니다. 생물학자들은 대부분 이 사실을 크게 불편해 하지 않겠지만, 몇몇 화학자들은 다음과 같은 질문을 던집니다. "그래, 생명이 생기고 난 뒤에 오랜 시간에 걸쳐 어떻게 사람이 나왔는지는 이제 알겠어. 그런데, 그 생명은 그럼 어떻게 거기에 있었는데?"

우선 밝혀 두자면 아직 우리 인류 중 어느 누구도 이 질문에 명쾌하게 대답할 수 없습니다. 적어도 과학자들은 그렇습니다. 과학자들에게 '생명의 탄생 abiogenesis'은 여러 가지 수수께끼로 이루어진 블랙박스처럼 보입니다. 생명은 세포로 이루어져 있고, 원시 생명체는 높은 확률로 박테리아와 같은 단세포 생물이었을 것입니다. 세포를 화학자의 관점에서 뜯어본다면 그저 지질 lipid 주머니에 담긴 분자들의 혼합물에 지나지 않습니다. 그런데 이

혼합물을 구성하고 있는 수많은 분자들은 서로 여러 화학 반응을 일으킬 수 있고, 이 반응들이 복잡하게 얽혀서 생명 현상을 일으키게 됩니다.

세포는 분자의 조합일 뿐이지만 자연스러운 조합은 아닙니다. 장난감으로 가득 찬 방인데, 종류별로 깔끔하게 정리된 상태에 비유해 볼 수 있습니다. 마구 어질러진 방은 만들기 쉽지만 정리가 잘 된 방은 그렇게 보이도록 하는 데에 많은 에너지가 소모됩니다. 이것이 엔트로피entropy, 즉 무질서도와 에너지의 관계를 설명해 주는 기본적인 개념입니다. 이 말을 약간 달리 하면, 세포를 구성할 수 있는 수많은 분자들을 가만히 내버려둬도 알아서 세포의 형태로 조합될 수는 있지만 그 가능성이 너무 낮아서 만약 에너지가 투입되지 않았다면 현실적으로 일어나기 어려운 일이라고 할 수 있습니다.

방사성 동위원소 분석법에 따르면 지구가 생겨난 것은 지금으로부터 약 45억 년 전으로 추정됩니다. 바다가 생긴 것은 그보다 약간 뒤인 44억 년 전입니다. 그런데 심해의 열수분출구 hydrothermal vent 부근의 퇴적물에서 발견된 원시 박테리아가 생존했을 것으로 추정되는 시기는 약 38억 년에서 43억 년 전입니다.* 이는 바닷물이 채워지자마자 심해 화산 활동에 의해 생명체가 '마법처럼' 탄생했다는 이야기가 됩니다. 생명을 구성하는 물

---

* M. S. Dodd, D. Papineau, T. Grenne, J. F. Slack, M. Rittner, F. Pirajno, J. O'Neil, C. T. S. Little, "Evidence for Early Life in Earth's Oldest Hydrothermal Vent Precipitates", *Nature* 543 (2017): 60–64.

질은 에너지가 많이 저장되어 있는 물질이고, 따라서 생명이 탄생하려면 많은 에너지가 필요합니다. 심해의 화산 활동 이외에도 낙뢰, 물의 증발/응축 사이클 등 국소적으로 큰 에너지가 모여들었을 것으로 예상되는 상황은 여러 가지가 있습니다. 하지만 에너지로 동전을 던질 수는 있어도 동전의 특정한 면이 위로 올라올 확률을 조작할 수는 없습니다. 그래서 바다가 형성되고 생명이 탄생하기까지 매우 짧은 시간이 걸렸다는 것은 과학적으로 의아한 일입니다. 강력한 바람이 나오는 송풍기로 방에 가득 찬 장난감을 뒤섞으려 했는데, 기계를 켜자마자 장난감이 종류별로 정리가 다 되어 버린 셈이죠. 여기에서 우리는 이 과정이 순전히 무작위적으로 일어나지 않았다는 합리적 추론을 할 수 있습니다.

    화학자들의 관심사는 이 과정을 무작위적이지 않게 만든 그 무엇인가를 밝혀내는 일입니다. 이에 대한 훌륭한 시작점이 될 수 있는 것은 바로 '자기복제self replication'입니다. 자기복제는 생명 현상 속에서 빈번하게 찾아볼 수 있습니다. 예를 들면 DNA나 RNA 같은 핵산nucleic acid은 자기 자신을 복제하는 반응에서 복제 주형의 역할을 하며 특히 RNA는 스스로 해당 반응의 촉매가 됩니다. 또 다른 경우에서는 단백질이 응집되어 일정한 구조가 반복되는 선형의 섬유를 형성할 때, 만들어지고 있는 섬유의 끝부분이 섬유 형성 반응을 가속화하기 위해 스스로 주변의 단백질 분자를 불러 모읍니다. 이처럼 생명체는 모두 자기복제의 전문가들이지만 화학자들에게는 자기복제의 구현이 매우 어려운 과제 중 하나입니다. 화학자들은 반응물reactant과 생성물product의 에너지 차이를 계산하고 그 중간 과정을 밝히고 싶어 하는데, 자기복제 반응에서는 반응물이 곧 생성물이기에 전통적인 화학적 접근 방식으로 연구하기가 어렵기 때문입니다.

RNA가 범인일까?

이러한 관점에서 과학자들은 RNA 분자에 주목했습니다. DNA가 단순히 유전 정보의 저장소 역할만을 하는 반면, 이와 구조적으로 매우 유사한 RNA의 기능은 더욱 다양하기 때문입니다. 최근까지도 RNA의 새로운 기능이 연구를 통해 밝혀지고 있는 중입니다. DNA는 분자 한 쌍이 서로 꼬여서 이중 가닥double stranded을 형성하며 항상 일정한 형태를 유지합니다. 그에 반해 RNA는 DNA보다 화학적으로 약간 더 불안정하며, 주로 단일 가닥single stranded으로 존재합니다. 이 때문에 RNA는 복잡한 모양으로 꼬이고 접혀서 3차원 구조를 형성할 수 있습니다. 이는 마치 단백질 분자가 각기 고유한 3차원 구조를 가지고 있는 것과 흡사합니다. 단백질의 3차원 구조가 그 단백질의 기능을 결정짓는 것처럼, RNA의 3차원 구조도 저마다 고유한 기능을 만들어 냅니다. 예를 들면 특정한 3차원 구조를 갖는 RNA는 효소의 기능을 갖게 되는데, 이러한 RNA들을 가리켜 리보자임ribozyme이라고 합니다.

 DNA와 RNA는 그 자체가 염기서열을 가진 유전물질이기 때문에, 상보성complementarity을 기반으로 한 복제의 주형이 될 수 있습니다. 여기서 상보성이란 퍼즐 조각처럼 딱 들어맞는 특정 염기쌍들 간의 짝맞춤 규칙을 말합니다. 하지만 주형이 있더라도 정작 복제 반응을 일으켜 주는 효소가 없다면 결국 복제는 일어날 수 없겠죠. 그런데 흥미롭게도 RNA는 복제의 주형이 됨과 동시에 이론적으로는 복제 반응의 촉매 역할도 함께 수행할 수 있습니다. 생명의 기원을 쫓는 화학자들이 이 재미있는 포인트를 놓칠 리 없었습니다. 1960년대에 알렉산더 리치Alexander Rich, 프랜시스 크릭Francis Crick, 레슬리 오겔Leslie Orgel과 같은 뛰어난 분자생물학자들이 이를 바탕으로 'RNA 세계 가설The RNA world hypothesis'을 주창했습니다. 자기복제 기능을 갖춘 RNA 가닥이 여기저기서 폭발적으로 만들어지고, 이때 복제 과정의 오류로 인해 변이가 생기게 되면서 세포로의 발달이 이루어졌다는 가설입니다. 오늘날 생명체 안에서도 볼 수 있는 리보자임 조효소들이 당시의 상황을 그대로 기록한 일종의 화석과 같은 존재라고 이들은 주장합니다.

화학자들에게 RNA 세계 가설은 다윈의 진화론만큼 검증되지는 못했지만 파급력이 그에 못지않은 존재입니다. 이 이론에 의구심을 품은 사람들은 RNA 분자 구조가 가진 복잡성을 문제

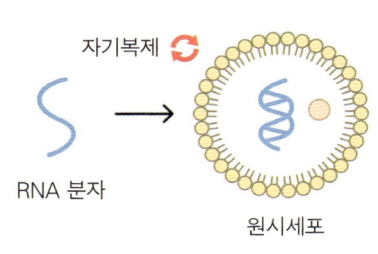

그림 1-3. RNA 세계 가설 모식도

삼기도 합니다. 즉 어떻게 그렇게 복잡한 분자가 '어떻게든' 만들어졌을 것이라고 가정할 수 있냐는 것이죠. 이것에 대해 논의하려면 '생명 탄생 이전의 지구$_{prebiotic\ earth}$'가 정확히 어떤 환경이었는지 알아야 하는데 이는 쉬운 문제가 아닙니다. 지질학적 데이터가 점점 더 업데이트 되면서, 과거에 사실로 받아들여졌던 것들이 이제는 사실이 아니게 되는 경우가 빈번하기 때문입니다. 우리 모두가 교과서에서 배운 '밀러와 유리의 실험$_{Miller-Urey\ experiment}$'[*]은 이산화 탄소$_{CO_2}$, 메테인$_{CH_4}$, 질소$_{N_2}$, 암모니아$_{NH_3}$를 재료로 삼았지만, 현재 밝혀진 바로는 암모니아와 메테인은 당시 지구에 매우 희박했을 것으로 추측됩니다. 오늘날 우리가 인정하는 '생명 탄생 이전의 지구'에서 RNA 분자가 합성될 수 있는 경로는 영국의 화학자 존 서덜랜드$_{John\ Sutherland}$에 의해 제안된 바 있습니다.[**]

우리는 '아직' 모른다

〈스포어〉는 분명 과감하고 의미 있는 시도였습니다. 과학자의 입

---

[*] 1952년 밀러와 유리에 의해 수행된 실험으로, 전기 스파크를 통해 기체의 혼합물에서 아미노산이 합성됨을 밝혔다. 화학적 생명의 기원을 연구한 가장 유명한 사례라고 볼 수 있다.

[**] M. W. Powner, B. Gerland, J. D. Sutherland, "Synthesis of Activated Pyrimidine Ribonucleotides in Prebiotically Plausible Conditions", *Nature* 459 (2009): 239–242.

장에서, 게임이나 영화와 같은 문화 콘텐츠가 과학의 매력을 다루는 것은 정말 반가운 일입니다. 과학의 저변 확대와 같은 거창한 목표가 아니더라도 일반인의 시각에서 과학자 혹은 과학적 사실을 바라보는 일은 과학자들의 연구 활동에도 큰 도움이 됩니다. 〈스포어〉가 조명하고자 했던 '생명체의 탄생'은 아직까지도 과학자들을 괴롭히고 또 즐겁게 하는 문제 중 하나입니다.

RNA 세계 가설은 분명 괄목할 만한 학문적 성취였지만, 다윈 이전 세계에 대한 화학적 생명의 기원 속에는 아직도 너무 많은 수수께끼가 남아 있습니다. 심지어 RNA 세계 이론조차도 그저 하나의 이론일 뿐 과학적 사실이 아닙니다. 어떻게 생명의 탄생은 그 희박한 확률에도 불구하고 그렇게 빠른 시간 내에 일어났는가? 어떻게 태양 에너지를 활용할 수 있는 분자 시스템이 자발적으로 생겨났는가? 원시 생명체들은 어떻게 바깥세상과 물리적으로 구분되기 시작했는가? 지구와 전혀 다른 조건에서 비슷한 과정이 진행될 확률은 얼마나 되는가? 그렇다면, 가까운 우주에 생명이 존재하거나 생겨나고 있을 확률은 얼마나 되는가? 하나같이 현재를 살아가는 우리가 '모른다'라고 대답할 질문들입니다. 그러나 이 시대를 살아가는 한 명의 과학자로서 점차 이런 질문들에 대한 명쾌한 답이 하나씩 밝혀지며 우리 종의 역사와 위치를 깨우쳐 주기를 기대합니다. 또 그런 과정이 대한민국 미래 과학자들의 손으로 이루어졌으면 하는 원대한 포부(마치 〈스포어〉의 그것처럼)를 밝히는 바입니다.

2장

연금술로 그려진 세계
〈엘든 링〉

세상에서 가장 어려운 게임은 무엇일까요? 물론 사람마다 좋아하고 기피하는 게임의 장르가 다양한 만큼, 각자 어려움을 느끼는 장르도 다양할 것으로 생각됩니다. 액션 게임 속에 갑작스럽게 등장하는 퍼즐 장치에서 막혀 포기하게 되는 경우도 있고, 오히려 이와 같이 복잡하게 꼬인 문제를 풀어야 하는 장르를 선호하는 경우도 있을 겁니다. 그런 맥락에서 한계에 가까운 동체 시력과 반응을 요구하는 〈사운드 볼텍스Sound Voltex〉나 〈디맥DJMax〉류도 많은 인기를 얻고 있죠. 사람을 화나게 만들려는 목적을 지녔는지 의심스러울 만큼 픽셀 단위의 컨트롤이 필요한 〈아이 워너 비 더 보시I Wanna Be the Boshy〉와, 이제는 나이 들어서 보기만 해도 멀미가 나는 〈동방 프로젝트東方Project〉나 〈도돈파치 대왕생怒首領蜂 大往生〉의 탄막도 손에 꼽힙니다.

이렇듯 저마다의 난이도를 자랑하는 다양한 게임들이 존재하는 가운데, 한 가지 확실한 사실이 있습니다. 수려한 그래픽과 배경 음악으로 판타지적인 분위기를 풍기면서도 '칼을 맞으면 죽는다'라는 매우 현실적이고도 험난한 설정을 지닌 소울 시리즈가 이 수많은 경쟁자들 사이에서 새로운 장르를 개척하는 업적을 이루었다는 것입니다. 그리고 이 복잡한 게임에 더욱 몰입하게 만드는 배경에는 정체불명의 물약과 아이템을 조합하며 새로운 공식을 찾아내는 연금술이 자리 잡고 있습니다. 화학에 이르는 시작점이자 경유지인 매력적인 미지의 학문 말입니다.

중요한 것은 꺾이지 않는 소울

3인칭 시점으로 뛰어다니다 정신없이 공벌레처럼 구르고, 무기로 패리parry*하며 버티다 한두 대 공격을 당하면 드러눕는 게임들을 마치 대명사처럼 소울라이크soulslike라고 부르곤 합니다. 왜인지 알 수 없지만, 공략이 필요한 보스보다 더 위협적인 필드의 몬스터(룬베어Runebear**나 선관위***와 같은) 역시 인상적입니다. 이 매력적인 장르를 정형화한 것은 프롬소프트웨어FromSoftware입니다. 프롬소프트웨어는 로망을 자극하는 메카물인 〈아머드 코어Armored Core〉 시리즈로 시작해, 소울라이크라는 장르의 시작

---

* 적의 공격을 무기나 방패로 쳐내는 특수 모션으로 소울라이크 게임의 필수 테크닉. 패리 성공 시 적에게 대량의 데미지를 박아 넣을 수 있어 유용하다.

** 〈엘든 링〉에 등장하는 거대한 곰 몬스터이다. 까다로운 돌진 패턴에 비해 굵은 짐승 뼈나 피 등 가치 없는 제작템만을 준다.

*** '선거관리위원회'의 줄임말로 〈다크 소울 3〉의 이루실의 지하감옥 Irithyll Dungeon 필드에 등장한다. 선거 도장과 유사한 표식을 가진 인두를 무기로 사용해 선관위라 불린다.

으로 구분되곤 하는 〈데몬즈 소울Demon's Souls〉과 그 황금기를 연 〈다크 소울Dark Souls〉 시리즈, 동양적 배경의 〈세키로Sekiro〉와 오늘 이야기의 핵심인 〈엘든 링Elden Ring〉까지 손에 땀이 마를 수가 없는 비장한 세계를 만들어 냈습니다.

　프롬소프트웨어는 극한의 집중과 인내를 강요하는 사디스틱한 집단으로 생각될 수도 있지만, 때로는 우리에게 포기하고 도망칠 수 있는 기회를 선뜻 제공하는 친절한 면면을 보이기도 합니다. 〈다크 소울 1〉에서는 산양머리 데몬Capra Demon이, 〈다크 소울 2〉에서는 주박자The Pursuer가 든든하게 게이머가 망자의 세계에 갇히는 것을 막아 줍니다. 비교적 초반에 등장하는 이 수문장들을 넘지 못하면 자연스럽게 손을 떼고 게임을 봉인하게 되거나, 혹시 이 단계까지 조금 빠르게 도달했다면 서둘러 게임을 환불해 지갑을 지키는 것도 가능하기 때문이죠. 이 중에서 가장 유명한 〈다크 소울 3〉의 재의 심판자, 군다Iudex Gundyr 역시 빠른 환불을 가능하게 하는 친절한 안내자입니다. 오늘 이야기하고자 하는 〈엘든 링〉에서는 끔찍한 흉조 멀기트Margit, the Fell Omen를 수문장으로 생각해 볼 수 있겠습니다.

　소울라이크 게임에서 가장 중요한 것은 강철의 심장과 꺾이지 않는 의지, 그리고 학습이 가능한 약간의 피지컬입니다. 아무리 게임이 누구나 즐길 수 있는 취미와 문화의 한 종류라지만, 그것을 원활하게 즐기는 데에는 적정한 연령과 신체적 능력이 요구됩니다. 밤낮 없는 연구로 기능이 감소한 탓인지 필자 J는 〈월드 오브 워크래프트World of Warcraft〉 공격대에서 "뭐하세요, 노안

이에요?"라는 질타를 받고 라이트 유저로 돌아선 바 있다고 합니다. (정말 노안인 사람에게 노안이냐고 묻는 것은 상처가 될 수 있습니다.) 여하튼 소울라이크에서는 별도의 공략보다는 끝없이 도전하고 드러누우며 배워 나가는 것이 정석적인 방식입니다. 이는 인생에서의 도전과 닮아 있습니다. 도저히 넘을 수 없을 것만 같던 장애물이지만 노력 끝에 한 번 넘는 것에 성공한 후에는 이전과는 달리 언제든 해낼 수 있죠. 그리고 이런 것들에 조금씩 익숙해지면 그때부터는 보이지 않던 광경이 펼쳐지기 시작합니다. 스토리의 구성과 배경, 음악과 같은 요소부터 그동안 드러나지 않고 감춰져 있던 게임 설정들까지 말입니다. 저의 경우에는 그 순간 〈엘든 링〉의 연금술 컨셉이 흥미롭게 다가왔습니다.

연금술, 상징, 그리고 엘든 링

연금술Alchemy에 대해서는 여러 가지 시선이 교차합니다. 많은 소설과 영상에서는 납을 금으로 바꾸기 위해 근거 없는 작업에 몰두하는 어리석은 사람의 모습으로 연금술사를 표현하곤 하죠. 심한 경우, 인간을 재료로 바쳐 불가능한 작업에 도전하는 비인간적이고 괴기스러운 대상으로 묘사하기도 합니다. 하지만 실제 연금술은 과학적으로 불가능한 목표에 도전해 끝내 성공하지 못한 학문이었을 뿐, 그 과정에서는 수많은 결과물이 탄생한 중요한 학문이자 시대의 지표였습니다.

특히 화학에서 연금술의 의미는 빼놓을 수 없습니다. 단순한 민간요법이나 토속 신앙으로 발전하던 물질에 대한 지식들이 연금술을 통해 조금씩 체계를 갖추며 학문의 형태로 빚어지기 시작했기 때문입니다. 연금술은 가치 없는 금속을 고귀한 금으로 바꾸기 위한 물질의 측면, 낡고 병든 육체를 새롭게 되살리려는 생명의 측면, 그리고 정신을 갈고 닦아 더 고귀한 존재로 세상을 이해하려는 철학의 측면으로 세분화되기도 합니다. 이들 중 생명의 측면은 시간이 흐르며 의학과 약학의 발달과 맞물려 지금으로 이어지기도 했습니다.

하지만 중세 유럽에 이어진 기근과 역병, 전쟁을 비롯한 여러 문제는 종교적 이해와 맞물려 누군가 금지된 작업을 행해 이를바 천벌이 내려진 것으로 사람들이 생각하게끔 만들었습니다. 이는 마녀사냥의 원인 중 하나로 손꼽히기도 하죠. 이러한 상황 속에서 자연스럽게 연금술사들은 자신의 기술과 물질의 비밀을 누구나 이해할 수 있는 줄글이 아닌 짧고 함축적인 표현으로 변환하게 됩니다. 현재 널리 쓰이는 원소 기호의

그림 2-1. 연금술 기호
연금술 기호는 화학 원소 기호의
시작점과 다름없다.

그림 2-2. 장엄한 〈엘든 링〉 타이틀
타이틀에 나타나는 기호는 연금술적 의미를 나타낸다.

시작점이라고도 볼 수 있을 연금술 기호가 탄생하는 순간입니다.

기호는 의미를 갖습니다. 예를 들면 일상적으로 발견할 수 있는 도로 위의 다양한 기호들에서부터 폭발성과 부식성, 유해성을 알려 주는 기호들, 여러 종류의 플라스틱을 나타내기 위한 재활용 기호들, 그리고 모든 물질을 표현하기 위한 화학의 원소 기호들에 이르기까지, 모든 기호는 함축적인 의미를 직관적으로 보여 줍니다. 그런 면에서 게임 출시 전 사전 광고에서부터 계속해서 노출된 〈엘든 링〉의 장엄한 타이틀 장면은 궁금증을 자극합니다. 이 장면은 세 개의 원이 삼각형 형태로 교차하며 배치되고, 그들의 교점들을 통과하는 또 다른 하나의 원 문양은 하늘로부터 연결되어 내려오는 모습을 그리고 있습니다. 한 번쯤은 컴퍼스로

그림 2-3. 장미십자회의 지식의 나무(좌), 조지 리플리의 리플리 스크롤(중), 바실리우스 발렌티누스의 아조트 도식(우)

그려 볼 만한 도형이지만, 일상에서는 이와 비슷한 모습을 찾아보기 어려운 만큼 여기엔 무언가 의미가 있는 듯도 싶습니다.

이 의미에 대해서는 프롬소프트웨어의 사장이자 모든 게임의 총괄 디렉터이기도 한 미야자키 히데타카宮崎英高가 밝힌 바 있습니다. 타이틀 장면 속에 그려진 몇 개의 고리들은 분명 대립하는 파벌들을 의미할 것이라는 게이머들의 추측과는 달리, 이는 세상의 법칙과 규칙, 질서를 의미하는 황금률Golden Order[*]을 표현합니다. 이때 황금이라는 단어와 중세라는 배경에서 우리는 흔히 '납을 금으로 바꾸는 기술'로 생각도 곤 하는 연금술을 자연스럽게 연상할 수 있습니다. 그리고 재미있는 사실은 이처럼 〈엘든 링〉에 나오는 여러 문양들이 연금술에서 쉽게 찾아볼 수 있는 형

---

* 보편적인 윤리적 원칙을 의미하는 황금률은 'Golden rule'로 표기되지만, 〈엘든 링〉에서의 황금률은 규칙과 질서를 의미하기에 'Golden order'로 표현된다.

태라는 것입니다.

타이틀 장면에서 나타나는 겹쳐진 고리 모양은 17세기 초 유럽에서 유행했던 비밀 결사 단체로 연금술과 신비주의를 추구했던 장미십자회Rosenkreuzer에서 사용되던 '지식의 나무'와 유사합니다. 또한 이 모양은 15세기 연금술사 조지 리플리George Ripley가 남긴 것으로 전해지는 '리플리 스크롤Ripley Scroll'에도 연금술적인 변환과 작업을 상징하는 모습으로 등장합니다. 조금 더 직접적인 관계성은 이 모양과 15세기 연금술사인 바실리우스 발렌티누스Basilius Valentinus의 '아조트Azoth' 시리즈의 도식이 매우 닮았다는 점에서 드러납니다. 여기서 등장하는 아조트란 연금술에서 모든 금속을 변환시키는 만능 용매이자 생명의 힘을 상징하는 핵심적인 개념입니다.

시작부터 연금술의 느낌이 물씬 풍기는 만큼, 이후의 많은 설정도 연금술과 관련된 해석이 가능합니다. 〈엘든 링〉의 주인공, 즉 플레이어블 캐릭터는 게임 내에서 빛바랜 자the Tarnished라 불립니다. 이는 과거부터 납Pb을 상징하는 표현이었으며 연금술에서 물질 변환의 첫 단계에 해당합니다. 광채를 뽐내지 못하고 둔탁하게 빛바랜 잿빛 금속처럼 가치 없고 흔한 존재라는 암시를 주는 셈입니다. 납에서 금을 만들어 낸다는 연금술의 이미지처럼, 작중에서 빛바랜 자는 황금의 군주에 이르기 위한 여정을 이어 나갑니다. 게다가 빛바랜 자의 설정화 중 하나에서는 붉은빛 태싯tasset*이 인상 깊은 야성적인 복장을 볼 수 있는데, 바로 늑대 전투광Bloody wolf 혹은 Raging wolf 세트입니다. 회색 복장과 늑대라

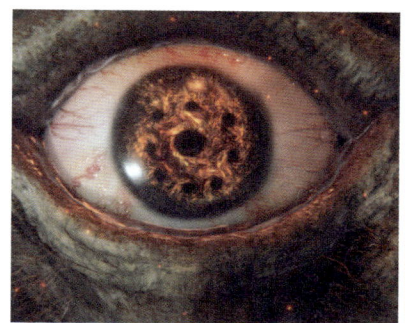

그림 2-4. 불의 거인의 눈동자(좌)와 리플리 스크롤에 등장하는
연금술사의 플라스크(우)

는 단어, 피와 붉은색 모두 중세에 분리된 원소 중 하나인 안티모니$_{Sb}$를 상징합니다. 무엇보다 안티모니는 금속을 정화할 수 있는 물질로 알려져 왔으니, 납의 정화를 통해 금에 도달하고자 하는 과정을 표현하기 위한 장치라고도 할 수 있겠습니다. 당연히 플레이어블 캐릭터의 마지막 단계인 황금의 군주는 가장 완벽하고 숭고한 금속인 금$_{Au}$에 해당합니다.

금을 상징하는 가장 일반적인 기호는 ⊙이지만, 그 이전의 다른 표현으로 ♂가 있습니다. 예상치 못하게 이 금의 기호는 거인들의 산령에 위치한 불의 정상$_{Flame\ Peak}$의 레전드 보스 몬스터 불의 거인$_{Fire\ Giant}$에게서 발견할 수 있습니다. 불의 거인은 과거 거인 전쟁의 생존자이자 불멸의 붙로 인해 각인의 저주를 받게 되었다는 설정을 가지고 있는데, 츠기 공개된 〈엘든 링〉 트레

---
* 태싯은 중세 판금 갑옷에서 허리와 골반을 보호하는 폴드$_{fauld}$ 아래에 달아 허벅지를 보호하는 장비를 의미한다.

일러 영상에는 불의 거인의 눈동자를 확대해 보여 주는 장면이 포함되어 있습니다. 굳이 특정 보스의 눈동자를 트레일러에서 확대해 보여 주었으면서도 이에 대한 설명은 전혀 해주지 않는 독특한 행태에는 어쩌면 제작진 나름의 의도가 숨어 있는 것일지도 모르겠습니다.

보편적인 인간의 눈이나 세로로 길게 갈라진 파충류의 눈, 옆으로 뻗은 네모난 동공을 갖는 염소의 눈과도 다른 모습으로, 불길이 들끓는 거인의 눈동자엔 아홉 개의 검은 모양이 그려져 있습니다. 중앙의 원 모양으로부터 뻗어 나온 여덟 개의 갈래는 금의 원소 기호, 또는 리플리 스크롤에 등장하는 연금술사의 플라스크 도식을 떠올리게도 합니다. 이 도식 중앙에 있는 책에 쇠사슬로 연결된 일곱 개의 원은 태양, 달, 화성, 수성, 목성, 금성, 토성의 행성, 또는 이와 연관되는 금, 은, 철, 수은, 주석, 구리, 납의 고대 금속 원소이기도 합니다. 그리고 조금은 다르게 연결된 마지막 한 개의 원은 모든 물질의 원질을 의미하는 '제1질료 Prima Materia'와 연관됩니다.

거대한 연금술의 도가니

영화, 연극, 소설, 게임은 모두 결국 하나의 거대한 무대에서 펼쳐지는 이야기입니다. 물론 이야기에선 등장인물과 사건이 가장 중요한 흐름이 되겠지만, 무대의 짜임새는 여기에 몰입을 더합니다. 제다이와 포스, 라이트세이버와 특색 있는 우주선으로 매력을 더한 〈스타워즈Star Wars〉는 광활한 우주를 배경으로 하고, 〈워해머40kWarhammer 40k〉는 장대한 역사 속에서 수많은 종족들의 전략적이고도 자극적인 전쟁으로 긴장을 놓기 어렵게 합니다. 환상동화 세계에서는 무대가 더욱 조밀하게 짜이기 마련입니다. 《반지의 제왕The Lord Of The Rings》과 《호빗The Hobbit》 등으로 친숙한 연대기 작품들은 톨킨J. R. R. Tolkien이 창조한 실마릴리온Silmarillion의 거대한 이야기 속 아주 짧은 순간에 불과하지만 누구보다 굳건한 마니아층을 만들어 냈죠. 또한 설정이 다소 난잡할 수는 있지만 그 매혹성이 강력해, 수많은 2차 창작과 함께 독자들에 의한 세계관 확장이라는 독특한 구조를 만들어 낸 러브크래프트H. P. Lovecraft의 크툴루Cthulhu 신화도 빠뜨릴 수 없습니다.

공상과학은 미지의 자원이나 과학 기술, 독특한 생명체를 기반으로 하며, 환상동화는 마법과 오래된 근원, 그리고 그에 따른 감춰진 비밀들을 이야기의 골격으로 지니곤 합니다. 이때 참고할 수 있는 가장 편리한 참고 문헌은 수천 년간 유지되며 화학의 기반이 된 학문이자 신비와 과학이 절묘하게 혼합된 연금술입니다. 연금술은 영화나 소설보다 게임에서 더 유용하게 활용됩니다. 정해진 원리 혹은 구성에 따라 다양한 시도가 가능하다는 실험적 학문의 특성은 게임을 통해 직접 동작하고 플레이하는 방식에서 빛을 발할 수 있기 때문입니다.

알고 보면 〈엘든 링〉은 거대한 연금술의 도가니 속에서 펼쳐지는 이야기입니다. 납을 금으로 바꾸거나 죽음을 생명으로 바꾸는 등 모든 불가능한 것을 가능하게 만든다는 철학자의 돌Philosopher's stone은 연금술에서 가장 유명한 장치이죠. 이 철학자의 돌을 만드는 등의 연금술 작업이 이루어지는 도구 혹은 공간을 흔히 '도가니Crucible'라 부르곤 합니다. 도가니는 일반적으로는 잘 사용되지 않지만 〈엘든 링〉 속에서는 자주 등장하는 표현입니다. 예를 들어 첫 왕 고드프리Godfrey, First Elden Lord의 친위대 출신이면서, 지금은 각자 떨어져 방황하고 있다는 설정을 가진 도가니의 기사Crucible Knight에도 이 단어가 사용되고 있습니다.

아마 대부분의 사람들은 연금술이라는 다소 비과학적으로 느껴지는 학문에 대해서는 자세히 알아본 적 없겠지만, 그래도 세상을 구성하는 가장 기본적인 요소인 원소element와, 특히 불, 물, 공기, 흙의 4원소설에 대해서는 들어 본 적이 있으리라 생각됩니다. 이 4원소설은 현대 화학에서 이야기하는 원소와 원자를 찾아가는 과정에서도 중요하게 등장하곤 하니 말입니다.

〈엘든 링〉의 초기 컨셉에서 제공되는 월드맵에선 이 네 가지 기본 원소로 이루어진 지형들을 발견할 수 있습니다. 바로 화산 지대, 강과 바다, 암석 지대, 그리고 구름으로 덮인 고산 지대입니다. 물론 게임이든 현실이든 대부분의 지형들이 이 네 가지 특징적인 요소로 이루어진 것은 당연하지 않냐고 생각할 수도 있습니다. 그러나 〈엘든 링〉에서 이 무대에 특별한 의미를 부여하는 것은 한 그루의 거대한 나무입니다. 에르드트리Erdtree라는 세계 중앙에 위치한 원시적인 형태의 나무인데, 이 나무는 생명의 도가니라는 설명을 지닌다는 점과 붉은 색상으로 표현된다는 점 모

그림 2-5. 생명의 연금술적 나무

두에서 깊은 의미를 갖습니다. 이와 같은 표현은 연금술에 관련된 중세 자료들에서 쉽게 찾아볼 수 있습니다. 하나의 예로 17세기 독일 조각가인 볼프강 킬리안Wolfgang Kilian의 〈생명의 연금술적 나무The Alchemical Tree of Life〉라는 작품에서는 '생명의 나무Arbor vitae'라 쓰인 거대한 나무와 네 가지 원소의 상징들이 등장합니다. 그리고 여기 그려진 균열과 동굴 등의 지형 또한 〈엘든 링〉의 무대로 활용됩니다.

연금술에서 단순히 원소만을 강조하지는 않습니다. 본격적인 물질의 변화를 추구했던 만큼, 연금술에는 현대의 우리가 실험 과정이라고 이야기할 수 있을 법한 일곱 가지 작업이 있었습니다. 이 작업 역시 〈엘든 링〉에 상징적으로 그려집니다. 불이 유기물을 태워 재로 만드는 하소Calcination는 사막으로, 물질이 용매에 녹아드는 용해Dissolution는 거대한 호수로, 혼합된 요소들을 구분 짓는 분리Separation는 깊게 갈라진 절벽 틈으로, 각각의 요소가 하나로 합쳐지는 결합Conjuction은 휴화산 속 녹아 융합된 물질로, 이제는 미생물이 그 원인이라고 밝혀진 발효Fermentation는 부패로 이루어진 늪으로, 가열을 통해 액체를 기체로 변화시키는 증류Distillation는 뒤덮인 구름으로 대응됩니다. 결과적으로 이 모든 원소 에너지의 합은 응고Coagulation를 통해 세계 중앙에 있는 생명의 도가니인 에르드트리에 모여든다고 이야기할 수 있습니다. 연금술사의 일곱 가지 위대한 작업이 〈엘든 링〉 세계를 지탱하는 셈입니다.

흥미롭게도, 게임을 정석적으로 플레이한 경로를 이어 붙인다면 이 작업의 순서가 또다시 성립합니다. 게임의 시작 지점인 림그레이브Limgrave 숲은 생명으로 가득하지만 동시에 재료를 태워 재로 만드는 하소에 대응되며, 거대한 호수로 이루어진 호수의 리에니에Liurnia of the Lakes는 용해를 상징합니다. 이후 깊은 분화구와 절벽이 있는 겔미어 화산Mt. Gelmir은 분리를, 설원과 얼음, 그리고 이와는 대조적인 불의 거인이라는 상반된 요소들이 모인 거인들의 산령Mountaintops of the Giants은 결합을 의미합니다. 붉은

그림 2-6. 〈엘든 링〉 월드 맵

부패로 가득한 부패한 호수Lake of Rot는 발효와 일치하며,* 공중에 떠 있는 무너지는 파름 아즈라Crumbling Farum Azula는 증류의 과정을 보여 줍니다. 이 모든 여정의 끝에 있는 에르드트리는 연금술의 최종 목표인 응고를 뜻하니, 플레이어의 여정은 곧 연금술사의 위대한 작업과 궤를 같이하는 셈입니다. 이는 우연의 산물이라기보다는 제작 단계에서부터 연금술적인 요소를 기반으로 배경을 구성한 결과라고 생각됩니다. 혹시 상징과 은유에 꽤나 진

---

*　물론 에인세르 강Ainsel River 지역에서 영원한 도읍 녹스텔라Nokstella, Eternal City를 통해 방문할 수 있는 부패한 호수는 라니 퀘스트 라인 진행 과정에서 방문하기에, 거인들의 산령에 앞서 찾아가게 된다. 메인 스토리라인과 별개의 퀘스트로도 방문이 가능하다

심인 괴짜이자 게임업계의 은둔 연금술사에 의해서가 아닐까요.

연금술과 화학

이제껏 다소 생소한 용어와 개념들을 통해 연금술이 무엇인지, 또 게임에서 설정으로 활용되는 연금술의 상징적 의미가 무엇인지를 함께 이야기해 봤습니다. 연금술은 분명 현대 화학에 기술적으로 많은 영향을 주었습니다. 그렇다면 화학을 연금술의 또 다른 형태라고 이야기해도 오류가 없을까요? 아쉽게도 현대 화학과 연금술 사이에는 생각보다 큰 차이가 있습니다. 물질을 다루며 변화를 시도한 점과 그 과정에서 활용되는 플라스크, 가열로, 비커를 비롯한 모든 표면적인 도구들이 완벽히 유사하지만, 두 학문은 그 목적과 방법론, 그리고 철학적 기반에서 근본적인 차이를 갖습니다. 단순히 다른 것으로 구분 짓기보다 둘 사이의 차이를 고민한다면 화학이라는 학문이 형성되는 과정과 함께 세상에 대한 인식이 어떻게 변해 왔는지도 이해할 수 있습니다.

연금술은 단순히 물질을 변화시키려는 시도로만 단정할 수 없습니다. 연금술은 물질적 세계와 정신적 세계를 연결하는 상징적 작업이자 신비한 지식과 힘을 추구하는 과정이었습니다. 연금술사들은 금속의 변환, 생명 연장, 심지어 불멸에 대한 비밀을 파고들며 물질과 원소의 변화를 통해 인간의 영혼과 정신을 승화시키려 했습니다. 이 과정에서 다양한 상징과 은유가 사용되어, 연금술은 점차 비밀스럽고 복잡한 형태의 학문으로 발전한 것이죠. 예를 들어 연금술에서 납이 금으로 변한다는 것은 단순한 금속의 변화가 아니라, 인간의 영혼이 정화되고 신성한 상태에 이르는 것을 상징했습니다. 연금술사들은 물질의 변화 이면에 존재하는 영적 진리를 찾고자 했고, 이를 위해 자연의 숨겨진 법칙들을 탐구해 나갔습니다. 그러나 상징과 신비라는 연금술의 철학적 기초는 연금술이 과학이라기보다는 일종의 종교적 수행이자 철학적 탐구로 간주되도록 만들었습니다.

반면 현대 화학은 실증주의적 접근을 통해 연금술과는 다른 길을 향해 걷기 시작합니다. 18세기 말 시작된 근대 과학의 발전 방식처럼, 이후의 화학자들은 물질의 변화와 성질을 실험적 방법론을 통해 체계적으로 연구하기 시작했습니다. 여기서 가장 중요한 변화는 모든 이론이 실험과 경험으로 검증되어야 한다는 것입니다. 그리고 이는 모든 과학적 결과가 재현 가능해야 한다는 원칙이 되었습니다. 즉 특정한 실험 조건하에서 얻어진 결과는 우연이나 오류 없이 다른 연구자들에 의해서도 동일하게 얻어져야 했습니다. 누군가의 비전 기술이 아닌 정보의 공개와 지식의 전달로 영역을 넓혀 가는 것이 바로 현대 과학이기 때문입니다. 결국 현대 화학은 실증주의와 재현 가능성을 중심으로 구성됩니다.

물론 이러한 차이를 만든 것은 불가항력적인 현실적 한계라고 생각할 수도 있습니다. 관측과 분석을 통해 원리를 이해하던 초기 과학의 형성 과정에서 화학은 다른 자연과학 분야에 비해 조금 더 느리게 발전했기 때문입니다. 보이지 않던 것을 망원

경이나 현미경으로 보고 구성이나 작동 원리를 이해할 수 있었던 다른 학문들과는 달리, 물질을 이루는 기본 입자인 원자나, 원자들의 결합으로 고유의 특성을 보이기 시작하는 분자molecule의 크기가 너무 작은 탓에 이를 직접 관찰하는 것은 오랫동안 불가능한 일이었습니다. 현대의 화학은 원소와 분자에 대한 깊은 이해를 바탕으로 물질의 구조와 반응을 직접적으로 설명합니다. 아보가드로 법칙, 주기율표, 그리고 양자역학과 같은 이론적 도구들은 물질의 화학적 본질을 이해하고 이를 통해 새로운 물질을 합성하거나 반응을 예측하는 데 사용됩니다. 이러한 과학적 접근법은 연금술의 상징과 신비주의를 대체하며, 현대 화학을 철저히 실증적이고 논리적인 학문으로 자리 잡게 했습니다.

그렇다면 어느 순간 연금술이 화학이라는 학문으로 변모하기 시작했을까요? 바로 용어와 체계가 만들어지며 변화가 시작됩니다. 같은 식물을 사용해 약을 만들었다 해도 공식적인 과학 언어나 학명이 발생하기 전에는 지역마다 이들을 부르는 표현이 제각기 달랐을 수밖에 없었습니다. 이 모든 혼란을 잠재우는 역할을 한 인물은 화학사에서 가장 유명한 인물이자 누구나 한 번쯤 학교에서 이름을 듣게 되는 앙투안-로랑 드 라부아지에입니다. 이 모든 과정은 잠시 후 또 다른 게임을 통해 '화학 혁명'이라는 이야기로 만나 보겠습니다.

연금술과 화학의 또 다른 중요한 차이는 목적과 세계관에 있습니다. 연금술은 궁극적으로 인간의 내적 변화를 목표로 했으며, 물질의 변형을 통해 우주와 인간의 비밀을 탐구하려 했습니다. 연금술이 종교적 혹은 철학적 색채를 띠는 것 역시 이 이유에서입니다. 연금술사들은 우주가 살아 있는 유기체처럼 변화와 성장을 거듭한다고 믿었고 그 속에서 인간의 역할을 탐구했습니다. 반면 화학은 우주와 물질세계의 법칙을 발견하고 이를 통해 인류에게 유익한 기술과 지식을 제공하는 데 목적을 두고 있습니다. 현대 화학은 객관적 사실을 중시하며 물질의 성질과 반응을 이해함으로써 물질을 원하는 방식으로 조작할 수 있는 능력을 갖추게 되었습니다. 이는 화학이 기술 발전과 밀접하게 연결되어 있는 이유이기도 합니다. 약물 개발, 에너지 생산, 소재 설계 등 수많은 분야에서 현대 화학의 성과는 인간의 삶을 획기적으로 변화시켰습니다.

현재 우리가 살아가는 첨단 과학 문명 시대에 종교와 철학, 정신적 요소로 가득하며 미스터리한 연금술은 온갖 곳에서 흥미롭고 유용한 설정으로 사용되지만, 현실적이고 실체가 있는 화학은 오히려 허구적 설정을 방해하는 요소로 여겨져 창작물에선 쉽사리 등장하지 않습니다. 재미를 위한 폭탄 제조 장면일 뿐인데 과학적으로 너무 철저하게 고증되었다는 이유로 작품 전체가 유해물 판정을 받도록 만들 수도 있을 테니, 때로는 현실보다 허구가 중요할 때도 있겠습니다.

연금술이 화학으로 발전하며 역사 속으로 완전히 사라진 것처럼 보이지만, 그 유산은 여전히 중요하게 남아 있습니다. 연금술은 상징과 통합적 사고를 통해 물질적 세계와 정신적 세계를 연결하려 했고, 이러한 통합적 접근은 계속해서 과학과 철학에서 중요한 역할을 했습니다. 누구보다 정확히 물질계를 해석하기 시작했던 아이작 뉴턴Isaac Newton은 연금술 연구에 많은 시간을 투자했고, 콤플렉스와 집단 무의식 개념을 정립한 저명한 심리학자 카를 융Carl Jung 역시 연금술을 심리적 변형의 상징으로 활용하는 등 연금술의 영향은 계속해서 이어졌습니다. 지금도 현대의 일부 이론물리학자들은 우주를 하나의 통합된 시스템으로 이해하려는 시도를 하고 있으며, 이 역시 상징적으로는 연금술적 사고의 부활로 볼 수도 있습니다.

그러나 연금술이 남긴 상징이 가장 강력한 의미를 부여하는 곳은 여전히 문화와 예술 영역입니다. 영화 〈해리 포터Harry Potter〉 시리즈에 묘사되는 마법약 제조와 실험들, 〈판의 미로Pan's Labyrinth〉에서 주인공이 수행하는 세 가지 임무를 통한 정신적 성숙, 이외에도 다양한 만화와 소설에서 연금술은 상징적으로 활용됩니다. 앞서 살펴본 〈엘든 링〉과 같은 게임에서도 연금술적 상징이 활용되어 깊이 있는 세계관을 구축하는 데 중요한 역할을 하고 있으니, 이는 현대인들이 여전히 연금술의 철학적 유산에 매료되고 있음을 보여 줍니다.

연금술과 화학은 비록 다른 길을 걸어 왔지만 두 분야 모두 인간이 물질세계를 이해하고 변형하려는 시도의 일환으로 볼 수 있습니다. 연금술이 상징과 신비로 가득 찬 과거의 유산이라면, 화학은 실증적이고 재현 가능한 과학적 방법론을 통해 인류의 물질적 필요를 충족시키는 현대의 학문입니다. 그러나 두 학문은 모두 인간의 호기심과 탐구 정신을 반영하며, 그 속에서 우리는 자연을 이해하고 그것을 통해 자신을 이해하려는 인간의 끝없는 열망을 발견할 수 있습니다.

    연금술이 이처럼 매력적인 게임 설정을 구성하는 장치가 될 수 있는 만큼, 혹시 조금 더 실제적인 게임의 작동 방식으로 도입될 가능성도 있을까요? 특히 연금술의 관점에서 바라본 세상의 구성 방식을 원소 측면에서 분석한다면 분명 현대에 이르기까지 화학이 변화되어 온 과정을 이해할 수 있을 것입니다. 따라서 우리는 이제 다음 게임에서 연금술의 사용 방식에 대해 더 많은 이야기를 이어가려 합니다.

3장

원소와 반응
〈오푸스 마그눔〉

게임이 매력적인 이유는 롤플레잉role-playing, 곧 임의의 역할에 참여하는 것이 가능하기 때문이라고 생각됩니다. 많은 생명이 사라지는 비인간적이고 무자비한 전쟁 한복판에 그 어떤 상실도 없이 설 수 있고, 마법이 날아다니고 거대한 괴물이 누비는 판타지 세계를 여행하거나 수천 년 후의 미래 지구에서 수만 광년 떨어진 은하계까지 함선을 몰고 다닐 수도 있죠. 건축가나 의사, 요리사, 스파이 등 매우 높은 전문성이 요구되는 직업을 간략한 형태로 경험할 수도 있습니다. 가장 중요한 것은 무엇보다 '재미'입니다. 물리학자 역할을 위해 게임을 플레이하는 도중 메모장을 꺼내 복잡한 수식을 계산한다거나, 공장 관리자로 살기 위해 현실의 잠을 잘게 쪼개 가며 플레이하는 것은 비합리적입니다.* 화학자는 어떨까요? 현실에서 재현되면 위험한 여러 불법적인 (하지

---

* 비합리적이라는 말이 불가능을 의미하지는 않는다. 필자 J는 최적화된 딜사이클과 사냥 효율을 위해 엑셀 수식 계산을 하거나, 탈것Mount을 구하기 위해 알람을 맞춰 가며 게임을 플레이하곤 했다. 필자와 비슷한 게이머가 많을 것임을 안다.

만 흥미로운) 물질을 만들기 위한 과정을 단순히 시약A나 가루B 와 같은 식으로 뭉뚱그려 검열을 피해 표현하게 된다면 재미있기 는커녕 의미만 불명한 행위가 될 뿐입니다. 하지만 상징으로 채워진 연금술을 활용한다면? 이 모든 문제를 비껴갈 수 있습니다.

연금술 시뮬레이터

플레이어블 캐릭터로 연금술사를 다루는 게임은 수없이 많습니다. 연금술사는 보통 중세 시대의 직업 중 하나로 마법과 함께 약물을 조합하거나 던지는 등의 모습으로 그려지며, 간혹 전투가 아니라 제작이나 조합을 핵심 콘텐츠로 활용하는 경우도 있습니다. 한 예로 거스트Gust 제작, 코에이 테크모Koei Tecmo 유통의 연금술 시뮬레이션 롤플레잉 게임인 〈라이자의 아틀리에Atelier Ryza〉 시리즈가 있습니다. 재료마다의 속성attribute 과 특성trait은 연금 결과물에 영향을 주는데, 이는 이후 만나 볼, 연금술을 거쳐 화려하게 성장한 생유기화학과도 연관됩니다.

단순히 연금술적 장치를 차용했을 뿐만 아니라 예상외로 많은 고민이 포함되었다는 느낌을 주는 작품은 네오플Neople 제작, 넥슨Nexon 유통의 AOS장르 게임인 〈사이퍼즈Cyphers〉였습니다.[*]

---

[*] AOS는 대전 액션과 공성전이 결합한 게임 장르로, 대부분 본래의 용어에 큰 관심을 갖지 않고 사용하지만 〈스타크래프트〉의 설정으로 등장하는 끝없는 전쟁Aeon of Strife 의 약어다.

이 게임에 등장하는 연금술사 에밀리라는 캐릭터의 기본적인 구성은 연금술이나 화학에 대한 어떠한 고민도 드러나지 않는 단순하고 보편적인 구성이라고 할 수 있습니다. 오히려 필자 J가 흥미를 느꼈던 것은 신체 부위마다 장착할 수 있는 에밀리 전용 유니크 아이템들이었습니다. 깨달음의 상징으로 통하는 유레카(손)나 연금술과 의미상 연관성을 느낄 수 있는 순수한 정신(머리), 신성한 초월(다리), 원소의 순환(가슴)과 같은 장비 외에도 연금술에 유래를 두고 있는 용어들이 눈에 띕니다. 예를 들어, 허리 장비의 명칭인 크리소포에이아Chrysopoeia는 금을 만드는 연금술의 과정을 뜻하는 단어입니다. 신발인 아타노르Athanor는 가열을 통해 물질을 증류시키는 데 사용되는 가열 용광로를 뜻하며, 목걸이인 아쿠아 레기아Aqua regia는 금과 백금 등 귀금속을 녹일 수 있는 특별한 용매인 왕수를 의미합니다. 이처럼 판타지 배경에 등장하는 용어들은 그 어원이나 숨겨진 의미를 찾다 보면 많은 연금술의 이야기와 이어지곤 합니다.

안타깝게도 현실에서 이러한 연금술을 직접 경험하기엔 무리가 있습니다. 그러나 다행히 우리에겐 이를 '모의실험'할 수 있는 여러 방법이 있죠. 실제로 실행하기 어려운 과정을 간단히 행하는 모의실험을 '시뮬레이션simulation'이라 합니다. 시뮬레이션은 우주 탐사를 위한 로켓의 발사 등 많은 예산이 소요되거나 한정적인 도전만이 가능할 때 흔히 활용되며, 시뮬레이션을 위한 장비나 프로그램은 '시뮬레이터simulator'가 됩니다. 게임이야말로 장르별로 다양한 시뮬레이터를 가집니다. 전쟁 게임인 블리자드 엔터테인먼트Blizzard Entertainment의 〈워크래프트〉나 〈스타크래프트〉 시리즈, 역사 전략 게임인 코에이 테크모의 〈삼국지三國志〉 시리즈, 생존 게임인 힌터랜드 스튜디오Hinterland Studio의 〈더 롱 다크The Long Dark〉나 11비트 스튜디오11 bit studios의 〈디스 워 오브 마인This War of Mine〉 등 수많은 시뮬레이션 명작 게임이 계속해서 출시되었습니다. 하지만 그중 가장 확고한 영역을 이룬 것은 흔히 '미연시'로 줄여 부르는 미소녀 연애 시뮬레이션 게임일 듯합니다. 이런 종류의 시뮬레이션 게임은 어찌 보면 잔혹합니다. 실제로 실행하기 어려운 것을 대신 경험하게 해주는 시뮬레이션과 연애를 결합하다니, 왠지 모르게 무시 당하는 기분이랄까요.

한편, 우리에겐 조금 낯선 장르의 시뮬레이터도 있습니다. 바로 연금술사 체험이 가능한 연금술 시뮬레이터입니다. 대표적으로 〈포션 크래프트Potion Craft〉는 대중적인 상상 속 연금술사의 작업을 그려 냅니다. 과학자라는 단어는 하얀색 가운을 입고 다양한 색상의 액체가 담겨 부글부글 거품이 흘러넘치는 비커나 플라스크를 들고 있는 모습을 연상하게끔 합니다. 국적이나 연령과 무관하게 우리는 공통적으로 화학자의 이미지를 통해 과학을 상상합니다. 이런 이미지와 비슷하게 연금술사라는 단어는 흡사 비약을 만드는 마녀처럼 정체불명의 액체가 담긴 가마솥을 가열하며 이것저것 집어넣고, 도형이 그려진 낡은 두루마리를 뒤적이며 주문을 외우는 모습을 떠오르게 합니다. 〈포션 크래프트〉에서 플레이어는 중세 연금술사가 되어 여러 종류의 물약을 제조해 판매하게 됩니다. 연금술 시뮬레이터라기에는 단순히 물품 제조와 상

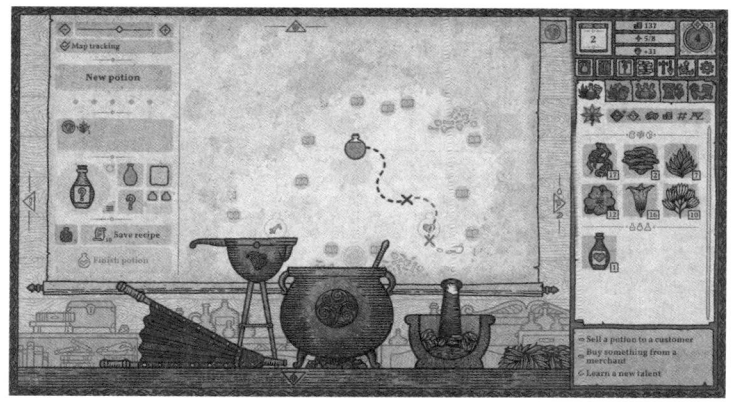

그림 3-1. 〈포션 크래프트〉의 제조 시스템
〈포션 크래프트〉의 작업은 지도 위에서 이루어진다.

점 관리로 재화를 버는 크래프팅crafting 게임의 요소가 많다고 생각할 수도 있겠지만, 이 게임은 고전적이고 일차원적인 방식으로 재료를 골라 넣고 섞어 물약을 만드는 방식을 떠나 한층 새로운 시스템을 도입했다는 특징이 있습니다. 연금술사가 된 플레이어는 지도 위에서 목적지를 향해 방향을 설계하며 포션을 제조하게 되는데, 이때 재료가 되는 약초 종류에 따라 지도에서 오른쪽으로 향하거나 굽이굽이 휘어 북쪽으로 나아가는 등 조금은 독특한 방식으로 연구가 이루어집니다. 역시나 최종 목표는 철학자의 돌을 만들어 내는 것입니다.

하지만 〈포션 크래프트〉에는 지도를 통해 포션의 레시피를 연구한다는 참신한 시도는 있으나, 연금술 작업의 자세한 과정은 생략되어 있습니다. 정해진 방법대로 재료를 넣으면 예정된 결과물이 얻어지는 단순한 함수와도 같은 구성입니다. 조금 더 근본적인 원소의 변환과 결합으로 물질 생성을 설계하고자 한다면 여기에 약간 더 복잡한 두뇌 게임을 추가해야 합니다. 바로 액션 게임에 등장하면 스트레스 요인으로 작용하기도 하지만, 그 자체로 두터운 마니아층을 형성하고 있는 퍼즐Puzzle 게임입니다.

이 분야에서 필자 J가 가장 즐겁게 플레이했던 것은 재크트로닉스Zachtronics에서 출시된 〈오푸스 마그눔Opus Magnum〉이었습니다. 위대한 예술가나 장인의 최고의 업적 혹은 가장 뛰어난 걸작을 '마그눔 오푸스Magnum Opus'라고도 합니다.* 가장 위대한 작업을 의미하는 만큼, 연금술에서는 철학자의 돌을 만드는 궁극적인 공정을 뜻하기도 하죠. 이런 의미에서 짐작할 수 있듯 〈오푸스 마그눔〉은 한 연금술사의 위대한 여정을 따라 진행됩니다.

〈오푸스 마그눔〉은 제국 대학 연금공학 칼리지 수석 졸업생인 아나테우스 바야가 졸업 후 귀족 가문의 연금술사로 고용되며 권력을 둘러싼 음모와 갈등을 헤쳐 나가는 과정을 다루고 있습니다. 게임 속 연금술사들은 고전적인 가마솥과 약초의 혼합을 벗어나, 변성 엔진Transmutation Engine이라는 기계 장치를 이용한 원소의 이동과 결합으로 개별적인 기본 원소를 복잡한 결과물로 만들게 됩니다. 또한 이 과정에서 연금술적 요소와 함께 기초화학

---

* 〈오푸스 마그눔〉은 연금술에서 현자의 돌을 만드는 행위를 뜻하는 '위대한 작업Magnum Opus'에서 단어의 순서를 뒤바꾼 표현이다. 라틴어의 어순은 비교적 자유로운 만큼, 이렇게 표현하더라도 그 의미가 변하지는 않는다.

적인 물질의 구성, 그리고 변성 동작이나 소요 부품의 효율성을 다른 연금술사(플레이어)들과 통계적으로 비교해 보여 주는 화학 공학적 공정까지 많은 것을 다루고 있습니다.

기계적인 원소 결합

연금술의 기반이 그리스 밀레투스에서 시작된 철학적 물질관인 만큼, 〈오푸스 마그눔〉에서는 불과 물, 공기, 그리고 흙이라는 네 가지 원소가 주요 원소로 활용됩니다. 그리고 이 원소들을 사용해 결과물을 구성하는 데에는 논리적으로 그럴듯한 연결고리가 있습니다. 예를 들어 불이 설계에 사용되는 화합물은 술이나 연료와 같은 인화성 물질이 주를 이루며, 윤활유나 물감 등과 같은 액체 상태의 물질에는 물이 사용됩니다. 공기는 연막탄이나 신호탄 등 기체를 만들 때 사용되고 흙은 진흙이나 화장품과 같은 고체 형태에 쓰입니다.

그러나 세상을 구성하는 물질의 근원이 대한 관심이 그리스를 위시한 지중해 유럽 지역에서만 발생한 특수한 문화일 수는 없겠죠. 뜨거움과 차가움, 습함과 건조함이라는 네 가지 성질의 조합으로 원소가 변환될 수 있다는 4원소 가변설이 연금술 시대를 전후로 유럽의 물질관을 지배할 때에도 지구 각지에서는 유사하지만 서로 다른 다양한 물질관이 출현했습니다. 빛을 원소의 한 종류로 고려했던 인도 지역의 힌두교 베다Veda에 기반한 해석이나 동양의 음양오행에 근거한 연단술煉丹術, 그리고 이슬람 황금기의 아랍 지역에서부터 중세 파라켈수스까지 이어질 황, 수은, 소금의 3원질설Tria Prima 등이 대표적입니다.

위에서 언급한 네 가지 주요 원소에 더해, 〈오푸스 마그눔〉에서는 황sulfur, S을 제외한 소금과 수은을 프라임 원소로 적용하였습니다. 소금은 안정을 의미하며 수은은 변화를 상징하곤 합니다. 여기에 동양의 음양 개념이나 이와 비슷하게 이집트 오시리스 신화 등에 흔히 등장하는 생명과 죽음이 각각 비테vitae와 모스mors라는 원소로 사용되어, 총 4개의 프라임 원소가 존재합니다. 마지막으로 금속 원소들이 사용되는데, 납, 주석, 철, 구리, 은, 금의 순으로 높은 지위를 가집니다. 그리고 각 금속을 더 높은 단계의 금속으로 변환하는 과정에서 수은이 사용됩니다.

이제껏 이야기한 주요 원소, 금속 원소, 프라임 원소들은 〈오

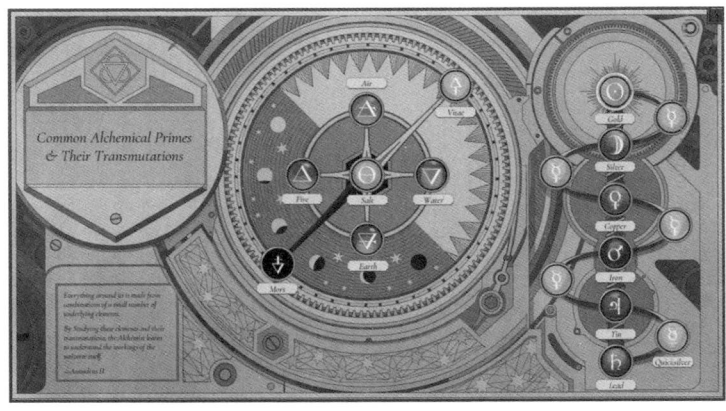

그림 3-2. 〈오푸스 마그눔〉의 변성을 통한 원소 변환의 체계도

푸스 마그눔〉의 연금술 퍼즐에 생각보다 흥미로운 방식으로 적용되어 있습니다. 우리에게 친숙한 기계 부품들로 구성된 변성 기관은 구슬 형태로 이루어진 원소를 잡아 움직이고 회전시키며 적당한 위치에 배치하는 방식으로 작동합니다. 이 과정에서 필요한 것은 원소들을 결합해 특정한 기능을 갖는 생성물을 만드는 작업입니다. 이해를 돕기 위해 한 가지 물질에 대한 구성을 예로 들어볼까요. 스토리 2장에서는 용기의 물약 Courage Potion을 만들게 됩니다. 마시면 왠지 모를 용기가 끓어오르는 마법적인 물약, 즉 술입니다. 술의 주성분인 에탄올 ethanol은 체내에서 신경 기능의 조절을 비롯해 매우 다양한 변화를 만들어 냅니다. 앞에서 잠깐 언급했듯, 인화성 액체에 해당하는 이 물질은 불과 물의 결합으로 이루어질 것이라고 간단히 추론할 수 있습니다. 하지만 불과 물이 상극이라는 사실은 누구나 알고 있는 만큼, 이들을 안정적으로 결합시키기 위해 또 다른 원소가 필요합니다. 이때 안정을 의미하는 소금이 추가됩니다. 또한 술에서 인화성인 에탄올 성분은 기화되어 날아갈 수 있으므로, 결국 술의 근본적인 성질은 그 후에도 남아 있는 물이라고 할 수 있습니다. 이 모든 지식들을 종합했을 때, 용기의 물약은 변성 기관에서 두 개의 소금에 의해 안정화된 물에 불이 결합한 모습으로 표현됩니다. 실제 화학에서는 이처럼 원소나 원자의 결합을 이루기 위해 원소를 변환하고 결합하는 작업을 꼬임 없이 설계한 '메커니즘 mechanism'이라는 절차가 필요합니다. 화학 반응의 단계를 의미하는 메커니즘(기작 機作)을 고려한다면, 이런 게임을 단순히 허구로 치부하기는 어렵기도 합니다.

게임 속 흥미로운 물질을 몇 가지 더 살펴봅시다. 이 다음으로는 스토리 1장에 등장해 비교적 간단한 설계가 가능한 비행선 연료Airship Fuel가 있습니다. 연료라는 목적에서 직감할 수 있듯이 이 연성의 결과물은 불 두 개가 연결된 형태로 나타나게 됩니다. 물론 불끼리 안정하게 결합해 물질의 형태를 이룰 수 있도록 이번에도 소금이 사용되겠죠. 실제 화학 물질 중 폭발성 물질을 만들기 쉬운 과산화 수소H_2O_2와 구조적으로도 유사합니다.

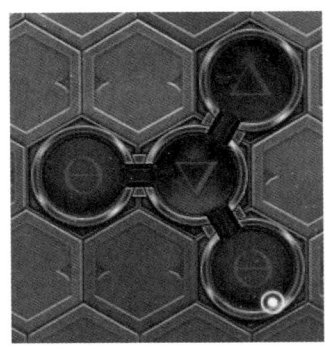

그림 3-3. 용기의 물약의 변성 설계
두 개의 소금(θ)이 물(▽)과 불(△)을
안정화시키는 구조이다.

미사일이나 로켓 등 발사체를 날려 보내기 위한 추진제는 비행선 연료보다 더욱 빠르게 연소해야 하는 물질입니다. 〈오푸스 마그눔〉에서도 2장에 들어가면 로켓 추진제Rocket Propellant의 제조에 착수하게 됩니다. 더 강력한 출력은 더 많은 불을 연결하면 간단히 얻어지죠. 세 개의 불이 두 개의 소금에 의해 안정된 모습이 바로 로켓 추진제입니다. 연금술에서는 간단하게 불로 표현된 이 구성 요소에서 우리는 흔히 화석 연료라 불리는 탄소 물질들, 곧 석탄이나 석유와 같은 물질과 화학적으로 유사한 측면을 발견할 수 있습니다. 그러나 탄소로 이루어진 연필심이나 다이아몬드는 공기 속 산소와 만나 자발적으로 불타오르지 않습니다. 화학 반응이 시작되기 위한 최소한도의 에너지 장벽인 활성화 에너지activation energy를 넘어야만 격렬한 연소가 시작됩니다. 이 기준을 돌파해 반응이 시작되면 마치 줄지어 세워 둔 도미노의 첫 번째 조각이 넘어진 결과처럼 연쇄적인 반응이 이루어집니다. 숯에 처음 불을 붙이는 것은 어렵지만, 한 번 불이 붙어 화학 반응이 시작되면 오랜 시간 강렬하게 지속되어 오히려 불을 끄는 것이 더 곤란해지는 것과 같습니다. 다양한 화석 연료들은 연소가 시작되면 많은 에너지를 빛과 열의 형태로 방출하며 연료로서 진면목을 보이기 시작합니다. 물론 탄소로 이루어진 연필심이나 다이아몬드도 연소될 수 있습니다. 중요한 것은 탄소 개수에 따른 에너지 양으로, 더 많은 탄소가 연결될수록 열량 측면에서 더 큰 화학적 잠재력을 갖는다는 점입니다. 이로 인해 가스 연료로 사용되는 탄소 3개와 4개의 프로페인과 부테인보다 7~8개의 탄소로 이루어진 휘발유가 더욱 강력하며, 그보다 더 긴 12~20개의 탄소로 이루어진 경유는 거대한 차량을 움직이는 데 사용될 만큼 큰 에너지를 갖습니다.

지금까지는 그저 단순한 연상을 활용했을 뿐이라고 생각할 수 있지만, 또 다른 폭발물의 예시를 본다면 이 게임이 일정한 기준과 원리를 통해 계획된 것을 눈치챌 수 있습니다. 간략히는 화염병, 전문적으로는 몰로토프 칵테일Molotov cocktail, 게임에서는 폭발성 유리병Explosive Phial이라 완곡히 표현된 이 물질은 연료와 유사하지만 로켓 추진제보다는 안정적이어야 합니다. 연소가 아닌 폭발이 일어날 정도로 에너지가 집약되어 있으면서도, 원하는 순간에만 기폭을 일으킬 수 있을 정도로 제어가 가능해야 하죠. 〈오푸스 마그눔〉에서는 이를 불의 삼중 결합, 그리고 연료에 비해 안정성이 약간 떨어지는 하나의 소금 결합으로 그려 냈습니다. 강력하게 서로를 밀어내는 같은 극의 자석을 억지로 강하게 묶어두었다가 그 억제를 풀면 한순간 격한 반응이 만들어지는 원리에 빗대서도 생각해 볼 수 있겠습니다.

그 외에도 수은으로 납을 승급시켜 만드는 구리를 한 줄로 길게 이어 붙여 실처럼 뽑아내는 갑옷 필라멘트Armor Filament, 인장에 사용되는 주석을 액화시킬 수 있도록 물과 3개의 소금으로 설계된 인장 제거제Seal Solvent는 물론이고 르네상스 미술을 비롯한 여러 분야에서 실제 사용되던 일산화 납PbO의 분해Litharge Separation도 매우 화학적입니다. 그렇다면 이 게임의 마지막 임무

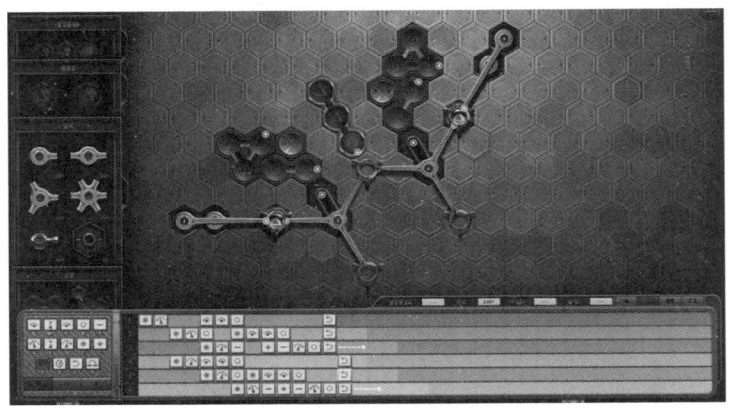

그림 3-4. 폭발성 유리병의 변성 설계
두 개의 불을 삼중 결합으로 묶으면 강력한 파괴력을 가진 물질이 만들어진다.

는 무엇일까요? 연금술의 궁극적인 목표인 철학자의 돌은 그 구성을 추론하기 어렵기 때문인지, 〈오푸스 마그눔〉에서는 연금술사들이 추구했던 또 하나의 궁극적인 물질인 만능 용매Universal Solvent, Alkahest를 만들게 됩니다. 만능 용매는 죽음-물-불-생명-흙-공기가 주석을 둘러싸고 이들을 소금이 안정화하는 육망성 형태의 물질로 등장합니다. 그리고 모든 스토리가 끝난 후에도 거의 논문이라고 할 수 있을 만한 학술지 미션들이 이어지는데, 이 중 연금술 측면에서 흥미로운 또 한 가지는 반응성 금Reactive Gold라는 목표입니다.

〈오푸스 마그눔〉 속에서 최고 등급의 금속 원소로 등장하는 금은, 현대 첨단 전자기술의 발달 과정에서도 중요하게 작용합니다. 금은 매우 얇게 펴내 회로를 만들기도 쉽고 전기 전도성도 뛰어나다는 특징과 더불어 화학적 반응성이 매우 낮아 녹슬지 않는다는 성질을 갖습니다. 특유의 광채 어린 황금빛 색상과 함께 '불변함'은 금의 가치를 만들어 낸 시작점입니다. 하지만 이런 금도 견디지 못하고 아말감amalgam이라는 또 다른 금속으로 변하게 만드는 원소가 있으니, 바로 수은입니다. 과거에는 광석에 뒤섞인 금을 녹여 분리하기 위해 수은을 흔히 사용해 왔습니다. 게임 속 임무에서 주어지는 반응성 금의 구조는 이러한 원소 간 관계를 반영한 것인지 수은과 금이 연결된 모습으로 나타납니다.

원소와 원자

지금까지 4원소부터 생명과 죽음에 이르기까지 다양한 원소들을 이용한 연금술로 물질을 합성하는 위대한 작업의 과정을 따라가 봤습니다. 정확히는 철학적 세계관의 '원소'들이자 본격적인 연금술이 시작되기 이전의 이야기입니다. 연금술은 우리 생각보다 더 많이 발전한 지식과 기술로 이루어져 있었으며, 다양한 장비의 개발과 물질의 발견을 이끈 학문이었습니다.

이번에는 〈오푸스 마그눔〉 변성 기관의 핵심 재료이자 철학과 연금술을 통해 세상을 해석하기 위한 매개였던, 그리고 현대 화학에서는 계속해서 다양한 조합으로 새로운 기능과 특성을 찾아가고 있으며, 눈 깜박할 시간보다도 짧은 찰나 동안만 세상에 존재하고 사라지지만 결국 인간이 인공적으로 창조하기에 이른 '원소'와 '원자'에 대해 살펴보고자 합니다. 흔히 원소는 고유의 '질적인' 측면을 표출하며 원자는 그들의 '양적인' 기본 단위를 나타낸다고 이야기됩니다. 질과 양, 어떤 측면이 더 큰 의미를 가질까 고민이 되기도 하지만 결론적으로 우리는 둘 모두에게서 매우 많은 화학적 영감을 받을 수 있습니다.

세상이 원소로 이루어졌다는 이야기는 기원전 6세기경부터 발전합니다. 모든 생명의 유지를 위해 필수적이었던 물에 가장 먼저 주목했고, 이후 물과는 엄격히 구분되는 불과 공기, 흙에 주목한 과거의 철학자들은 각자 자신만의 이야기를 펼치기 시작했습니다. 원소 간의 변환이나 결합, 혹은 분리가 가능할 것이라는 생각은 결국 원소가 우리의 복잡한 세상을 이루고 있을 것이라는 믿음을 쌓아 가게 합니다. 게임에서 변성 기관을 통해 원소를 결합하고 분리하는 작업을 철학자 엠페도클레스Empedocles는 '사랑Philotes'과 '불화Neikos'라는 다소 감성적인 방식으로 설명했습니다. 원소끼리 서로 함께하려는 힘을 통해 결합이 가능하며, 서로 밀어내는 힘으로 그 반대의 작용도 이루어진다는 개념입니다. 이는 현대 화학에서 말하는 전자의 공유나 전하(+/-) 간의 인력과 척력에 의한 유·무기 물질의 형성과 분해를 이해하는 가장 직관적인 방식이라고도 할 수 있습니다. 그러나 단 4개의 원소가 서로 다른 비율로 뒤섞이며 모든 물질이 만들어진다는 4원소설은 현대의 관점에서는 완전히 틀린 이야기입니다. 정확한 성분을 분석할 수 없었던 과거의 연금술과 화학에서는 이 이론을 납득하고 넘어갈 수밖에 없었겠죠. 당시엔 실험과 경험에서 관찰되는 물질의 변화를 설명할 방법이 없었기 때문입니다.

　원소의 확장은 모든 물질이 생각보다 복잡하게 구성되어 있다는 생각에서 시작됩니다. 라부아지에가 플라스크에 담긴 물을 증발시키기만 했을 뿐인데 유리 속에 불순물이 가루 형태로 쌓인 것을 발견한 사실이나, 공기에서 호흡할 수 없는 기체와 호흡하고 불태울 수 있는 기체가 분리되는 순간,[*] 그리고 특정 금속마다 성질이 다르다는 지식 등이 쌓이면서 세상에는 그 나름의 체계가

＊　공기를 구성하는 78%의 질소와 21%의 산소는 그 특성으로 인해 과거에 각각 호흡할 수 없어 질식을 유발하는 기체와 불타는 기체로 불려 왔다.

있다는 것이 드러납니다.

　원자는 화학에서 아주 상징적인 위치에 있습니다. 물질을 만들고 변화시키는 등 실재하는 것을 다루는 화학은 말 그대로 관찰하기 위한 '최소한'의 물질이 필요합니다. 이때 우리는 모든 물질의 기본 입자를 '원자'라고 부릅니다. 결국 화학의 필요조건은 물질이기 때문에 원자가 없는 상황은 화학의 영역을 벗어나게 됩니다. 원자의 직경이 0.1~0.3nm 내외인 만큼, 가장 작은 화학의 경계선은 나노미터 세계에 그어져 있는 셈입니다. 나노화학이라는 분야를 통해 우리는 화학의 마지막 경계선을 따라 걸으며 펼쳐진 경관을 찾아 기록하고 있습니다. 누구나 궁금증을 가져 본 적 있을 '학문의 끝은 어디인가'라는 질문에 대해 화학은 적어도 하나의 답을 가지고 있다고도 볼 수 있겠죠.

　원소의 종류를 찾아내는 것만큼이나 원자의 구조를 밝히기 위한 시도도 단계적으로 성과를 거뒀습니다. 처음에는 원자를 작고 단단한 동그란 구슬처럼 생각했습니다. 하지만 이 구슬이 균질한 하나의 알갱이가 아니라 내부에 화려한 물결 문양이 박혀 있는 유리구슬처럼 서로 다른 부분으로 이루어졌다는 사실이 관찰됩니다. 음극선cathode ray을 일으키는 작업을 통해 원자로부터 음(-)의 전하를 갖는 '전자electron'라는 미세한 알갱이가 튀어나오는 현상이 발견되었고, 이때부터 원자는 작은 초콜릿 칩이 박힌 쿠키나 빵과 같이 양과 음의 두 가지 물질이 뒤섞인 모습으로 상상됩니다. 전하가 없던 원자로부터 음전하를 가진 전자를 빼내고 나면 원자 안에 남겨진 것은 자연스레 양전하 덩어리이며 원자는 상극의 두 성질이 결합한 형태라고 자연스레 추측할 수 있었습니다.

　이후의 연구 과정에서 원자를 향해 쏘아 낸 입자가 무엇인가 단단하고 작게 뭉친 것에 부딪혀 기이하게 튕겨 나오는 모습으로부터 원자 속에 '핵nucleus'이 있을 것이라는 예측이 생겨났습니다. 이는 곧 서로를 끌어당기는 원자핵과 전자가 원자 안에서 충돌하지 않고 안정하게 존재하기 위해 마치 태양계처럼 일정한 공전 궤도를 지닌다는 생각으로 발전하게 됩니다. 이제는 양자역학을 통해 원자의 형태와 크기를 전자가 특정 위치에 존재할 확률과 분포를 고려한 모호하지만 매력적인 형태로 표현하고 있습니다. 물론 일상에서 우리가 화학적으로 하나의 원자를 해체하고 조립하며 고민할 일은 없으니 이 모든 것을 그저 세상의 기반을 이루는 너무도 당연한 원리로 생각하고 넘어갈 수도 있습니다. 그러나 체계적인 원소와 원자의 발견 과정은 근대 이후 화학이 완연한 학문으로 자리 잡을 시점에서나 현실이 되었으니, 연금술 시대에서는 이루어지기 어려운 일입니다. 따라서 여러 한계점들을 고려했을 때, 현대의 지식이 연금술사들의 실험과 〈오푸스 마그눔〉의 작업이 잘못되었다는 증거로 활용되기는 어려울 듯합니다.

　그렇다면 혹시 연금술 원소가 아닌 현대 화학 원소를 이용한 게임도 있을까요? 시대에 역행해, 이번에는 재크트로닉스의 첫 번째 개발 작품인 〈스페이스켐SpaceChem〉을 보도록 하죠. 이것은 수소나 산소, 염소 등 실제 다양한 화학 원소를 프로그래밍과 결합해 화학 반응이 이루어질 회로를 만드는 방식으로 진행되는 게임입니다. 무엇보다 이 게임은 어렵습니다. 하지만 흥미롭습니다, 적어도 화학자에게는 말이죠. 예를 들어 물을 만드는 것이 목표라면 하나의 산소O와 두 개의 수소H를 결합시켜야 합니다. 이때 원자를 직접 가져다 붙이는 방식이 아니라, 설정한 회로를 통해 이동하는 원자들이 서로 부딪히는 방식으로 결합 반응이 일어납니다. 화학 반응을 일으키기 위해서는 실제로 입자가 충돌해야 한다는 '충돌이론collision theory'이 적용된 것입니다. 다행히도 실제 물 분자처럼 $104.5°$의 결합 각도를 이룰 필요까지는 없습니다. H-O-H의 직선 형태나 혹은 $90°$로도 충분합니다.

이외에도 화학 결합의 분해나 핵융합 반응로를 통한 원소의 변환 기믹도 추가됩니다. 원자 번호 1번 수소와 8번 산소가 융합한다면 9번 플루오린F이 만들어지는 것처럼 작동 원리는 현실적입니다. 불, 물, 공기, 흙에서 시작한 원소가 현재 백여 가지 이상으로 늘어나 복잡해진 만큼, 화학 결합의 형성과 구조 또한 마찬가지입니다. 원자들이 결합해 이루는 분자는 평면일 수도 있고, 입체일 수도 있습니다. 결합의 각도나 길이는 다양하며 원소마다 만들 수 있는 결합의 종류도 다양합니다. 물론 이 모든 기준을 실질적으로 충족하는 방식의 게임이 만들어질 수도 있겠지만, 그때부터 게임은 가볍게 즐기기 위한 목적을 잃어버리고 소수의 전문적이고도 집요한 사람들, 곧 게임하는 화학자들에게나 사랑받을 듯합니다. 아니 그마저도 업무의 연장으로 느껴져 소외될지도 모르겠네요. 만약 이 모든 정보를 고려한 분자 합성 시뮬레이터 게임이 탄생해 하나의 분자가 아닌 무작위적인 수조, 수경 개 이상의 분자들의 거동 제어까지 가능해진다면, 우리는 이를 '화학 반응 예측 계산화학 프로그램'[*]이라고도 부를 수 있겠습니다.

재크트로닉스는 2022년에 스튜디오를 해체하며 과거 속으로 사라집니다. 하지만 그들이 남긴 수준 높은 퍼즐 게임은 여전히 우리에게 연금술과 화학에 대해 이야기할 기회를 제공하고 있습니다. 제작사 자체적으로 공인한 난이도를 기준으로 보면 〈오푸스 마그눔〉은 최고난도 5점 기준 2점으로, 〈스페이스켐〉은 4점으로 책정되어 있습니다.[**] 물질 설계와 합성에 대한 이야기를 다시 한번 떠올리며 게임을 즐겨 보고자 하신다면 PC 버전으로 출시된 〈오푸스 마그눔〉을 가볍게 플레이해 보시길 추천드립니다. 재크트로닉스가 남긴 또 다른 흔적은 우리 이야기에서 곧 다시 등장할 예정입니다. 재크트로닉스는 가장 유명한 샌드박스sandbox 게임인 〈마인크래프트〉의 시작점이자 그에 앞서 개발의 큰 단서가 되었던 〈인피니마이너Infiniminer〉라는 비운의 게임의 제작사이기도 했기 때문입니다. 화학의 형성과 반응의 기본 원리를 찾아볼 수 있는 몇 가지 게임을 둘러본 후 무엇이든 가능한 샌드박스 속 이야기로 돌아가겠습니다.

---

[*] 실제 계산화학 프로그램도 대표적인 화학의 단위인 1몰mole을 의미하는 아보가드로 수Avogadro constant인 $6.02214076 \times 10^{23}$을 다루지는 못한다.

[**] 제작사 공인 난이도이기 때문에, 이 이상 어려울 수 없는 최대점 5점에 대해서는 책정된 바 없다.

4장

화학 혁명
〈어쌔신 크리드〉

〈어쌔신 크리드Assassin's creed〉*, 번역한다면 암살자의 신조라 표현될 수 있을 이 희대의 명작 액션 롤플레잉 게임ARPG은 2007년 홀연히 등장합니다. 이 시리즈의 첫 작품을 지금 다시 플레이해 보면 예상외로 불편한 게임 시스템이 느껴지지만, 그 모든 것을 상쇄할 넓은 맵과 자유로운 목표 암살은 게임계에 큰 영향을 주었습니다.** 물론 개개인의 게이머들에게도 마찬가지였습니다. 해외에서는 게임 속 암살 무기를 직접 제작히 작동 방식을 보여 주는 유행이 불기도 했었죠. (좋지 않은 영향의 예로 필자 J는 대학생일 당시 이 게임의 상징적인 무기인 암살검Hidden blade을 구하지 못해 기숙사에서 수리검 투척을 한동안 수련해야 했던 적도 있었습니다.) 하지만 〈어쌔신 크리드〉 시리즈에는 단순한 암살과 전투 외

---

* 표기 상 '어쌔신스 크리드'가 옳지만 소유격('s)의 발음을 생략한 '어쌔신 크리드'를 국내 공식 명칭으로 하여 출시되었다.

** 하지만 2007~2008년에는 〈바이오쇼크Bioshock〉와 〈콜 오브 듀티 4: 모던 워페어Call of Duty 4: Modern Warfare〉, 〈포탈〉, 〈기어스 오브 워Gears of War〉, 〈GTA Grand Theft Auto〉와 〈슈퍼마리오 Wii 갤럭시 어드벤처Super Mario Galaxy〉와의 경쟁에 길려 GOTY(Game of the Year)를 수상하지는 못했다.

에도 풍부하고 흥미로운 콘텐츠들이 곳곳에 숨겨져 있습니다. 그 중에서도 이번에 소개해 보려는 것은 바로 이제껏 살펴본 연금술의 시대에서 본격적인 화학으로 돌입하는 '화학 혁명Chemical Evolution'의 순간입니다.

목격자가 없다면 암살이다

게임명에서 직감할 수 있듯〈어쌔신 크리드〉스토리의 흐름을 이끌어 가는 핵심은 암살자입니다. 현실에서의 암살자는 당연히 매우 불법적일 뿐만 아니라 작게는 치정이나 복수에 관련된 의뢰를 받아 손을 대신 더럽히는 은밀한 모습부터, 크게는 1914년 사라예보에서 보스니아 민족주의 조직이 오스트리아-헝가리 제국 황위 계승자 부부를 암살하고 제1차 세계대전의 도화선을 당기며 거대한 역사적 흐름에 관여하는 모습까지, 다소 폭력적인 이미지를 갖습니다. 하지만 가상 세계를 배경으로 게임을 플레이하는 입장에서 잠입과 액션, 정보 수집, 임무 수행 등 다양한 역할을 할 수 있는 암살자는 매우 매력적인 직업 중 하나입니다.

'목격자가 없다면 암살이다'라는 게이머들 사이에 통용되는 의문의 대원칙에 따라 암살자는 많은 경우 비대칭 전력*으로 치부될 수 있을 정도의 강한 전투력을 갖기도 합니다. IO 인터랙티브IO Interactive의〈히트맨Hitman〉시리즈나 아케인 스튜디오Arkane Studios의〈디스아너드Dishonored〉등에서 목격자를 남기지 않고 모두 제거하는 암살자를 플레이할 수 있죠. 물론 이런 게임들이 시원시원한 재미가 있지만, 오히려 저에게는 잠입 암살 게임인 파이로 스튜디오Pyro Studios의 〈코만도스Commandos〉 시리즈가 적에게 발각되지 않을까 가장 두근거리며 플레이했던 게임으로 기억됩니다.

〈어쌔신 크리드〉 시리즈는 암살자 한 명의 이야기라기보다는 대외적으로 노출되지 않는 두 집단 간의 싸움에 대한 이야기입니다. 비록 개인의 자유에 대한 침해가 이루어질지언정 질서와 평화를 지키려 하는 템플기사단Knights Templar과, 반대로 무엇보다 인간의 자유를 추구하는 암살단 혹은 형제단Brotherhood의 대립으로 스토리가 진행됩니다. 이러한 대립 구도 속에서 지시되는 '무고한 자에게 칼을 들이대지 말라'라는 암살단의 신조는 플레이어가 암살이라는 폭력적인 방법을 사용함에도 과연 무엇이 옳은가를 고민하게끔 합니다.

이 게임은 멈추지 않고 여러 장애물을 헤쳐 나가며 길을 개척하는 '파쿠르Parkour'가 사용된 초기 게임이라는 점에서도 유명합니다. 1인칭 파쿠르 액션의 본격적인 시작은 보통 2008년 출시된 〈미러스 엣지Mirror's Edge〉로 여겨지는데, 이와 비슷한 시기에 나온 〈어쌔신 크리드〉 시리즈 또한 파쿠르를 활용한 플레이를

---

* 물리적인 힘이나 규모 면에서 상대방과 균형(대칭)을 이루지 못해 상대와 같은 전략 및 전술을 사용할 경우 반드시 패하게 되는 전쟁을 비대칭전이라 일컫는다. 비대칭 전력은 비대칭전을 유발하는 수단으로, 화학 및 생물학 무기나 핵, 방사능, 고폭발성 무기가 대표적이다.

처음부터 염두에 두고 있었던 듯합니다.

    가장 재미있는 사실은 〈어쌔신 크리드〉 시리즈가 매우 충실한 고증과 재구성을 통해 만들어진 게임이라는 부분입니다. 그리고 역사적 사실을 세밀하게 반영한 건축물과 풍경, 사람들의 복장과 문화를 비롯한 모든 것이 〈어쌔신 크리드〉 시리즈의 즐길 거리인 만큼, 각 시리즈별로 이야기의 무대는 다양하게 변화합니다. 이 게임의 초기 모델은 가장 유명한 고전 게임 중 하나이자 〈어쌔신 크리드〉 시리즈의 제작사 유비소프트Ubisoft에서 만든 〈페르시아의 왕자Prince of Persia〉 프랜차이즈 중 하나였습니다. 하지만 왕자와 암살자의 간극이 큰 것처럼, 제작 과정에서 발생한 여러 문제로 인해 계획이 어긋나게 되었고, 당시 수집된 자료들은 〈어쌔신 크리드 1〉로 세상에 나오게 됩니다.

    초기 프로젝트의 구성에 따라 〈어쌔신 크리드 1〉은 페르시아 지역, 곧 중동을 배경으로 하며 플레이어블 캐릭터는 십자군 전쟁 당시 중동에서 활동하게 됩니다. 첫 성공에 힘입어 이 시리즈는 이후에 더 화려하고 역사적 깊이가 있는 규모를 추구하는데, 2년 후 발매된 〈어쌔신 크리드 2〉에서는 새로운 주인공과 함께 1476~1499년의 르네상스 시기 피렌체와 토스카나 등 북이탈리아가 그려집니다. 후속작으로 이어지는 〈어쌔신 크리드 2〉의 이야기는 16세기 초 로마, 그리고 현재의 이스탄불에 해당하는 오스만 제국 당시의 코스탄티니예(콘스탄티노폴리스)에서 마무리됩니다. 이후에도 다른 시리즈를 통해 독립전쟁 당시의 미국, 18세기 대항해시대, 펠로폰네소스 전쟁, 바이킹의 잉글랜드 침공

등 인류사에서 굵직한 사건들을 모두 만나 볼 수 있습니다.

이제부터 본격적으로 소개하려는 〈어쌔신 크리드: 유니티 Assassin's Creed Unity〉도 마찬가지로 프랑스 대혁명이라는 엄청난 사건을 배경으로 진행됩니다. 게임을 하다 보면 플라멜의 실험실을 열기 위한 기계 장치를 구하려고 노트르담 대성당을 방문하게 됩니다. 이때 등장하는 니콜라 플라멜 Nicolas Flamel은 진위 논란이 있지만 14세기에 활동했던 중세 프랑스의 연금술사로 알려져 있습니다. 많은 영화나 소설에서 중요한 장치로 등장하는 철학자의 돌 혹은 현자의 돌을 만드는 데 성공해 불멸을 얻은 것으로 이야기되곤 하는 인물입니다. 영화 〈해리 포터〉에서도 기념비적인 첫 번째 영화명과 같은 '마법사의 돌'을 만들어 수백 년간 살아가고 있는 것으로 언급되며, 프리퀄인 〈신비한 동물들과 그린델왈드의 범죄 Fantastic Beasts: The Crimes of Grindelwald〉에서는 나이 든 노인의 모습으로 등장하기도 합니다.

여기에서 스토리 상 방문하게 되는 노트르담 대성당은 외부 경관과 내부 구조까지 동일하게 게임에 재현됩니다. 이를 위해 개발자들은 무려 2년간 성당 구조를 재현했으며 심지어 벽돌이 배치된 위치까지 그대로 데이터화하기에 이릅니다. 안타깝게도 2019년 화재로 노트르담 대성당은 소실되었지만, 역사적 랜드마크인 성당을 복원하기 위한 참고 자료로 〈어쌔신 크리드: 유니티〉를 프랑스 정부에 제공했다는 루머까지 있을 정도니, 역사와 고증, 게임은 우리 생각보다 관계가 깊은 셈입니다.

그림 4-1. 노트르담 대성당의 인게임 이미지(좌)와 화재 후 복원 중인 실제 모습(우)

라부아지에, 혁명에 살고 혁명에 죽다

현대 과학의 기반을 이루는 양자역학이라는 매력적인 분야로 인해 닐스 보어Niels Bohr나 알베르트 아인슈타인Albert Einstein 등 위대한 물리학자의 이름을 종종 들어 봤을 겁니다. 하지만 많은 경우, 우리가 기억하는 화학자의 이름은 학교 수업 때 배웠을 두세 명을 넘기기 어려운 경우가 많습니다. 그중에서도 대중적으로 가장 유명한 화학자라면 근대 프랑스의 앙투안-로랑 드 라부아지에Antoine-Laurent de Lavoisier일 것이라 생각합니다.

〈어쌔신 크리드: 유니티〉에서 화학자로서 재미있었던 부분은 다운로드 콘텐츠 중 하나인 혁명기의 비밀Secret of the Revolution

로 추가되는 몇 개의 미션이었습니다. 앞서 라부아지에 이야기를 꺼낸 것은 실제로 게임 내에서 라부아지에가 등장하기 때문입니다. 어렵지 않은 작은 서브 미션이었지만, 화학자라는 본업 때문인지 평소보다 더 깊이 몰입해서 샅샅이 주위를 뒤져 보며 플레이했던 기억이 생생합니다. 라부아지에와 관련해서는 정말 많은 이야기들이 있지만, 이번에는 〈어쌔신 크리드: 유니티〉의 가장 큰 주제인 '혁명'을 중심으로 다뤄 보겠습니다.

우리는 물리학, 화학, 생명과학 등 몇 가지 학문을 자연과학이라는 큰 흐름으로 함께 묶습니다. 근대에 들어서며 이들은 과학으로서의 학문적 체계를 각각 잡아 가기 시작하지만, 화학에게만은 이 과정이 쉽게 허락되지 않았습니다. 천체 망원경의 발명으로 우주라는 거대한 역학 실험장을 얻게 된 물리학은 우주의 운동과 기본 원리를 파헤치는 장엄한 과학으로 형성됩니다. 반대로 아주 작은 것들을 들여다볼 수 있는 현미경의 발명은 눈에 보이는 것이 전부가 아니며 미생물과 세포라는 '소우주microcosmos'가 존재한다는 충격적 발견을 통해 생명과학의 영역을 선포합니다. 하지만 화학의 기본 단위인 원자 혹은 그들의 집합체로서 또 다른 특성을 갖는 분자를 관찰할 수 있는 기술은 20세기에나 현실이 되었던 만큼, 다른 과학과 달리 화학은 반응과 결과는 알 수 있지만 기본 구조와 원인은 논할 수 없는 형태에 오랜 기간 머무르게 됩니다. 이로 인해 변질되고 왜곡되기 시작한 후기 연금술에서 벗어나 화학이 온전한 학문의 형태를 갖추기 위해서는 다른 요소들이 요구됩니다.

혁신적인 화학의 변혁은 '화학 혁명'을 통해 이루어집니다. 연금술은 2천여 년에 달하는 시간 동안 세계 각지에서 형성되며 그 나름의 원리와 노하우, 이론적 해석을 만들게 됩니다. 하지만 전 세계의 모두가 이해할 수 있는 공통적인 학명이 만들어지기 전까지는 같은 동물이나 식물의 명칭이 각 지역에 따라 수십 수백 가지로 다양했을 것입니다. 당연히 이로부터 유래되는 화학 물질들의 명칭이 더 엉망진창이었을 것은 쉽게 예상할 수 있죠. 라부아지에는 이러한 화학 언어에 체계를 도입한 인물입니다. 이는 짠맛을 가져 요리에도 사용되는 염의 가장 대표적인 종류인 소금, 즉 '염화 나트륨'*을 왜 염화 나트륨이라 부르는가와 같은 지극히 기본적인 이야기입니다. 염화 나트륨은 두 구성 단어 사이를 한 칸 띄어 표기합니다. 영어로도 'sodium chloride'로 띄어 쓰게 되며, 'chloride sodium'과 같은 식으로 순서를 뒤바꿔 쓴다거나, 'NaCl'이라는 화학식 순서를 'ClNa'와 같이 반대로 나타내지도 않습니다. 라부아지에와 동료들은 언제나 양이온(Na^+) 요소를 먼저, 음이온(Cl^-) 요소를 한 칸 띄어 나중에 표기한다는 규칙을 만들었으며, 물질을 구성할 때는 '염소$_{chlorine}$'가 아닌 '염화$_{chloride}$'라는 형태로 단어를 변형시킨다는 방식도 확립합니다. 산과 염기 물질들, 산화물, 원소명 등 수많은 화학의 요소는 라부아지에에 의해 하나씩 정립되었으며, 드디어 언어 체계가 갖추어지

---

* 염화 소듐과 염화 나트륨 모두 옳은 표현이다. 발견자가 명명한 대로라면 11번 원소의 이름은 소듐이 옳지만, 표준어에서는 사회적 편의성을 고려해 둘 모두를 인정하기 때문이다.

기 시작한 이 학문은 '화학'이라는 자연과학의 자격을 얻을 수 있는 혁명을 맞이한 셈입니다.

그러나 화학이라는 학문의 시작점이 되었다고 할 수 있는 라부아지에의 마지막을 장식한 것 또한 하나의 '혁명'이었습니다. 프랑스 대혁명 시대의 민중에게 세금징수원이었던 라부아지에는 고운 시선으로 바라볼 수 없는 인물이었습니다. 특히 막시밀리앙 로베스피에르Maximilien de Robespierre, 조르주 자크 당통Georges Jacques Danton과 함께 혁명을 주도한 자코뱅파Club des Jacobins의 대표 인물 장-폴 마라Jean-Paul Marat와의 사이가 좋지 않았습니다. 정확히는 왕립 과학아카데미의 정회원이었던 라부아지에와 회원이 되길 갈망하던 마라는 플로지스톤Phlogiston**과 관련된 논문을 둘러싸고 서로 악감정을 가지게 됩니다. 이것이 가장 큰 요인이라고 주장할 수는 없지만, 라부아지에가 혁명으로 인해 단두대에서 생을 마감하는 데에 어느 정도 영향을 주었을 것으로 여겨지곤 합니다.

다시 게임 이야기로 돌아가자면, 라부아지에가 등장하는 화학 혁명이라는 이름의 임무는 라부아지에의 부인이자 근현대 화학계의 의외의 실권자라고도 말할 수도 있을 마리-안 피에레트 폴즈 라부아지에Marie-Anne Pierrette Paulze Lavoisier로부터 시작됩니

** 게오르크 에른스트 슈탈Georg Ernst Stahl에 의해 제안된 플로지스톤은 모든 가연성 물질에 포함된 미지의 입자로, 연소 반응을 설명하는 데 사용되기도 했으나 라부아지에에 의해 부정되었다. 이후 연소 반응은 산소의 역할임이 확인되었다.

다. 마담 라부아지에는 함께 독가스 실험을 할 예정이었던 남편이 산책을 나간 후 돌아오지 않고 있다며, 마라의 추종자들에 의한 사건에 휘말린 것은 아닐지 우려하고 있었습니다.[*] 라부아지에를 찾아보면 그는 실제로 갇힌 채 독가스에 대한 정보를 캐내려는 심문을 당하고 있었습니다. 암살단이 잠입이나 임무 수행에서 적의 시야를 가리기 위해 게임 속에서 빈번히 사용하는 연막탄을 만들어 준 것이 라부아지에라는 이야기도 이때 들을 수 있으며, 아무튼 이 임무는 라부아지에가 무사히 구출되며 간단히 끝납니다. 이외에도 화학과 관련된 임무는 여럿 찾아볼 수 있습니다. 의문의 검은색 물질이 함유된 강장제 토닉으로 독살된 여인이 등장하는 소량의 독 A dash of poison[**]이나 태양포라는 화학적 장치에서 포탄이 발사되어 사망 사고가 발생한 살인의 과학 Killed by science[***]의 배경에 다양한 실험 기구와 칼륨 K[****] 원소가 담긴 용기가 진열되어 있던 것 정도가 기억납니다.

앞서 마담 라부아지에를 근현대 화학의 실권자라 소개한 것에

---

[*] 라부아지에가 무기로 사용할 독가스 연구를 했다는 기록은 없다. 번역상의 모호함을 고려할 때, 호흡에 사용될 수 없어 질식을 유발하는 이산화 탄소를 유독성(유해성) 기체 mephitic gas라 부르던 시기였기에 이와 관련된 실험으로 추측된다.

[**] 벨라돈나의 검은색 열매에 포함된 성분인 아트로핀으로 추측해 볼 수 있으며, 아트로핀은 유서 깊은 독성 물질이어서 이후 여러 추리 소설에서도 자주 등장한다.

[***] 이 임무에서 칼륨과 물이 직접 사용되진 않았지만, 이들의 혼합이 화재나 폭발을 일으킨다는 사실도 유명한 화학 반응 중 하나다.

[****] 대한화학회에서 포타슘으로 공식 명칭을 바꾸었지만, 칼륨이라는 이름이 워낙 오랜 시간 활용되어 둘 다 자주 사용된다.

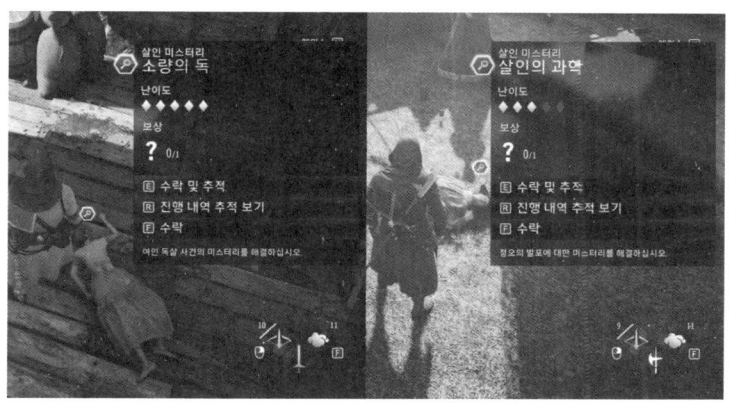

그림 4-2. 소량의 독과 살인의 과학
게임 속 살인 미스터리 임무에서는 화학과 관련된 임무를 찾아볼 수 있다.

는 아주 흥미로운 이유가 있습니다. 필자 J는 1901년브터 2020년까지의 모든 노벨 화학상 수상자들의 관계도를 조사한 적이 있었습니다. 사제 관계거나 가족 관계, 혹은 같은 낚시 클럽의 동료 관계까지 노벨 위원회에서 공개한 생애 정보를 바탕으로 관계도를 그려 본 적 있었는데, 흥미롭게도 이 모든 관계를 거슬러 올라가다 보면 마담 라부아지에가 공통적으로 등장합니다. 대표적으로, 라부아지에와 함께 열량계를 개발해 열에 대해 연구한 라플라스Pierre-Simon, marquis de Laplace,***** 또 다른 동료였던 프랑스의 화학자 푸르크루아Antoine-François de Fourcroy, 라부아지에의 제자이자 미국 화학 기업 〈듀폰DuPont〉을 설립해 일제강점기 폐막의

***** 라플라스 역시 〈어쌔신 크리드: 유니티〉의 날아다니는 소년Flying boy 미션에서 구조 대상으로 등장한다.

4장 화학 혁명 〈어쌔신 크리드〉

계기가 된 원자폭탄을 제조한 이레네 뒤퐁Éleuthère Irénée du Pont 등이 있습니다. 이들로부터 사제 관계를 이어 나가며 유기 및 무기 화학 분야 노벨 화학상 수상자들의 계보가 거미줄처럼 뻗어 나갑니다. 라부아지에의 사망 이후, 마담 라부아지에는 벤저민 톰슨Benjamin Thompson과 재혼하게 됩니다. 톰슨 백작 역시 화려한 사제 관계를 이어 가는데, 대표적으로 원소 발견의 대가이자 영국 화학의 거장 험프리 데이비 경Sir Humphry Davy과 그 조수이자 제자이며 가장 위대한 과학자 중 한 명으로 꼽히는 마이클 패러데이Michael Faraday를 위시한 계열이 있습니다. 이후 이 계보는 원자의 구조를 밝히는 업적들로 유명한 러더퍼드Ernest Rutherford나 양자역학의 보어와 보른Max Born 등 물리·화학 관련 노벨상 수상자들로 이어집니다. 이 두 거대한 분야의 교점이 마담 라부아지에라는 사실은 역사적 의미를 떠나 분명 흥미로운 이야기입니다.*

분자 구조의 체계

'아버지가 방에 들어가신다'와 '아버지 가방에 들어가신다'는 한국어에서 띄어쓰기의 중요성을 배울 때 가장 쉽게 접할 수 있는 의미 변화 예시입니다. 똑같은 문제가 〈어쌔신 크리드〉에서도 밈의 형태로 등장합니다. 띄어쓰기가 잘못된 'Ass ass in's creed'를

---

* 마담 라부아지에는 재혼한 후에도 존경의 의미로 첫 남편이었던 라부아지에의 성을 그대로 유지하였다.

번역한 '엉덩이 엉덩이 안의 신조'라는 B급 영화 제목 같은 표현을 보고 낄낄거리지 않을 수 있을까요? 우선 엉덩이 안에 신조가 있으면 절대 안 되겠지만, 그럼에도 일에 더 잘 붙는 발음 탓에 필자 J는 아직도 종종 이 게임을 '엉덩이 신조'라 부르기도 합니다. 이런 예시들에서 보여지듯이 문장의 구조나 띄어쓰기가 그 의미에 큰 영향을 미치는 것처럼, 화학 분자의 구조에서도 같은 측면이 있습니다.

〈어쌔신 크리드〉에 매의 눈Eagle Vision 이라는 기술이 있듯, 저에게도 잘못된 화학 구조를 찾아내는 날카로운 감각이 있었던 듯합니다. 〈어쌔신 크리드 1〉을 구동할 때 나오는 인트로 장면에는 정체를 알 수 없는 복잡한 화학 구조가 등장합니다. 또한 화학 물질이나 유전 정보 등이 게임에 장치로 등장하곤 하기 때문에, 대기 화면에서도 몇 가지 화학 구조가 기묘하게 나타납니다. 아무래도 물리학 수식이나 화학 구조는 누구나 과학적인 요소로 인식할 수 있기 때문에 활용된 것으로 보이지만, 그렇다고 해서 실존하는 분자 구조를 넣는다면 이를 분간할 수 있는 게이머들에게는 잘못된 힌트나 복선이 될 수 있기 때문에 가상의 물질을 넣은 것이 아닐까 추측됩니다.

118개의 모든 원소가 주기율표를 통해 하나의 정보로 표현될 수 있으며 그 안에서 정해진 족group끼리 묶일 수 있는 것처럼, 실제로 만들어질 수 있는 화학식과 구조는 (예외가 있더라도) 일정한 규칙을 갖습니다. 이 규칙은 언어를 구성하는 문법과도 유사합니다. 원소라는 알파벳들이 분자라는 단어를 만들어 이들

그림 4-3. 〈어쌔신 크리드 1〉 인트로 및 시작 화면의 기괴한 분자 구조들

간의 관계와 결합, 반응으로부터 화학식이라는 문장을 만들어 내는 것으로 이해할 수 있습니다. 그렇기에 원자들 사이의 결합의 종류와 개수는 가장 핵심적인 관계가 됩니다. 연료로도 사용되는 메테인은 CH_4의 화학식을 가지며 하나의 탄소가 네 개의 수소와 결합한 형태입니다. 정반대로 하나의 수소가 네 개의 탄소와 연결된 HC_4의 규칙은 이루어질 수 없습니다. 원소의 종류에 따라 결합을 이룰 수 있는 규칙이 다른 셈입니다. 이것은 인간이 만든 규칙이 아닌 자연의 법칙이자, 화학이 '자연과학'인 이유입니다.

그렇다 해서 이 현상이 예측할 수 없는 절대적이고도 우주적인 규칙에 의한 것은 아닙니다. 주기율표의 원소는 원자핵이 단

하나의 양성자로 이루어진 원자 번호 1번 수소부터 시작해, 원자 번호가 하나씩 늘어날수록 양성자의 개수도 정확히 한 개씩 늘어납니다. 양전하나 음전하로 치우치지 않고 안정하게 존재하기 위해 원자에는 양성자와 같은 개수의 전자가 함께해야 합니다. 그리고 특정한 공간에 무질서하게 수많은 전자가 채워질 수는 없으니 전자의 위치는 태양계의 행성 궤도처럼 다양한 크기의 전자껍질로 구분되어야 합니다. 껍질의 빈자리를 채우기 위해 원소들은 서로 전자를 공유하며 결합을 이루고, 이는 원자가 분자를 조립하는 기본 원리로 작동합니다.

가장 바깥쪽 전자껍질에 채워진 전자의 개수는 원소마다 가능한 결합의 한계를 결정짓습니다. 일반적인 유기 화합물에서 수소는 주위 원자와 최대 1개의 결합을, 산소는 2개, 질소는 3개, 탄소는 4개의 결합을 통해 입체적인 분자 구조를 만들어 낼 수 있으며, 최대로 가능한 결합의 수보다 모자라거나 많아지는 경우에 원자는 양전하나 음전하를 띠게 됩니다. 이 사실을 되새기며 '엉덩이 신조'가 보여 주는 화학 구조로부터 틀린 그림을 찾아본다면 이상한 점을 손쉽게 관찰할 수 있습니다. ① 2개의 원자를 가교처럼 연결하고 있는 수소나 ② 그보다도 심하게 3개의 원자와 동시에 결합을 이루고 있는 수소, ③ 4개의 결합을 이루고 있는 산소, ④ 부분적인 양전하 표시 없이 4개의 결합을 만든 질소를 발견하셨나요?

화학 분자 구조를 잘못된 형태로 그리는 경우는 일상에서 의외로 흔합니다. 과학대중서의 속표지나 과학 관련 홍보 포스터는 물론이고, 심지어 과학관을 장식하는 그림의 경우에도 잘못된 구조를 사용하는 당혹스러운 일이 종종 발생합니다. 아마도 인터넷에 떠도는 삽화를 검수나 수정 없이 편의상 그대로 사용하기 때문에 발생하는 일이 아닐까 생각됩니다. 물리학의 복잡한 수식이나 생명과학의 뉴런(신경 세포) 등과 마찬가지로, 화학을 상징하기 위해 분자 구조를 표현하고자 하는 의도는 분명합니다. 분자 구조 하나를 잘못 그렸다고 무슨 큰일이 발생하느냐 생각할 수도 있지만, 한글 표기가 잘못되어 있을 때 우리가 느끼는 막연한 불편함을 떠올리면 적당합니다. '사과'가 '샤과'나 '자과' 등으로 써 있는 상황처럼 말이죠. 이제껏 〈어쌔신 크리드〉가 역사적 고증에 철저했다고 이야기해 왔었기에 화학자로서 아쉬움이 남는 듯도 합니다.

사실과 상상의 교차

'거짓은 사실에 숨겨라'라는 말이 있습니다. 잠시만 되새겨 봐도 그럴듯한 말입니다. 게임이 역사적 사실만으로 가득하다면 다큐멘터리를 벗어나기 힘들고, 완전한 거짓으로만 구성된다면 말 그대로 허무맹랑한 판타지가 됩니다. 가장 큰 문제는 그 비율이 애매해 B급 감성의 이도저도 아닌 결과물이 되는 경우입니다. 그런 면에서 〈어쌔신 크리드〉 시리즈는 사실적 배경과 허구적 설정을 절묘하게 교차시켜 몰입감이 크면서도 신뢰가 가는 작품을 만들어냈습니다.

〈어쌔신 크리드〉 시리즈에 담긴 사실과 허구를 넘나드는 화학과 과학 이야기를 몇 가지 소개하자면, 먼저 〈어쌔신 크리드 4: 블랙 플래그Assassin's Creed IV: Black Flag〉에 등장하는 앱스테르고 재단Abstergo foundation이 있습니다. 가상의 기업인 앱스테르고 재단은 노벨상을 2회 수상했으며 화학 결합 이론의 정립자로 유명한 라이너스 폴링Linus Pauling의 삼중 나선 DNA 모델 연구를 활용하며, 이 과정에서 X선 이미지로 DNA의 이중 나선 구조 발견의 가장 중요한 단서를 찾았으나 결과적으로 인정받지 못한 로절린드 프랭클린Rosalind Franklin과 관련되기도 합니다. 물론 틀린 것으로 밝혀진 폴링의 DNA 모델을 연구한다는 것은 허구이지만 이들은 모두 실존 인물로, 〈어쌔신 크리드〉 시리즈는 역사적 사실을 왜곡하지 않는 선에서 새로운 이야기를 구성했다고 할 수 있습니다.

소셜 게임으로 출시되었던 〈어쌔신 크리드: 프로젝트 레거시Assassin's Creed : Project Legacy〉에서는 조금 더 구체적인 화학과 물질의 이야기들이 사용됩니다. 우선 화약을 제조하기 위해 초석과 유황, 숯을 조합하는 제조법이 등장합니다. 이는 가장 대표적인 화약이자 지금도 불꽃놀이용 폭죽에 사용되는 흑색 화약black powder을 만드는 레시피입니다. 여기에서 흥미로운 것은 화약에 설탕을 조합하는 기술도 구현되어 있다는 부분이죠. 설탕은 단순히 단맛이나 열량을 얻기 위한 식재료로 친숙하지만 높은 에너지를 함유하고 있는 물질이기도 합니다. 식물이 광합성을 통해 이산화 탄소와 물을 반응시키며 당을 만들어 내고 산소를 배출하듯, 역반응의 관점에서 당을 연소시킨다면(산소와 반응시킨다면) 다시금 이산화 탄소와 물로 되돌릴 수 있습니다. 이 과정에서 많은 양의 에너지를 빛과 열의 형태로 배출하는 것은 덤으로 말입니다.

    설탕을 화약, 정확히는 질산 칼륨KNO_3(초석)과 같은 산화제와 혼합해 불을 붙이게 되면 높은 온도에서 매우 빠르게 타오르게 됩니다. 달고나를 만들 듯 서서히 캐러멜화가 진행되며 변화하는 것이 아니라 화석 연료의 연소와 같이 빠르고 격렬한 반응이 이어집니다.[*] 이때 발생하는 이산화 탄소와 수증기는 고온에서 기체로 배출되는데, 매우 빠르게 팽창하며 작은 물방울 알갱이 등을 이뤄 빛을 산란시키기 시작합니다. 갑작스럽게 압력이 낮아지면 구름이 만들어지는 실험과도 같은 현상입니다. 더욱이 탄소 입자 등과 같은 작은 알갱이들은 수증기가 뭉쳐 뿌연 연기를 이루는 데 구심점처럼 작용하기 때문에 상상을 초월하는 연기가 발생합니다. 간단히 만들 수 있는 수제 연막탄의 제조 원리가 이와 같습니다.

    만약 조금 더 본격적인 설탕 활용을 노렸다면 더 흥미로운 게임이 만들어졌을지도 모릅니다. 예를 들어 설탕을 염소산 칼륨 $KClO_3$과 혼합하면 더욱 강력한 고성능 폭발물이 될 수 있습니다. 캐러멜 폭탄 caramel explosive이라 불리는 조합으로, 칼륨의 불꽃 반

---

    *   그러나 설탕의 연소는 검게 굳은 부산물을 함께 만들기 때문에 휘발유 등의 연료를 대신해 사용하기는 어렵다.

응 flame test에 의해 보라색으로 타오르는 아름답고도 강력한 조합입니다. 이외에도 설탕은 황산과 조합되어 화염병이라 불리기도 하는 몰로토프 칵테일의 점화제로 사용될 수 있습니다.

또한 화약과 아연 Zn, 구리 Cu를 조합해 총알을 만들기도 합니다. 정확히는 아연과 구리가 탄환을 발사하기 위한 탄피를 구성하는 셈입니다. 그 자체로는 그리 강하지 않은 금속들이지만 이들이 만나면 황동 brass이라는 합금을 만듭니다. 현실에서도 탄피는 황동으로 제조되는데, 황동은 내구성이 뛰어나 발사시의 높은 온도와 압력을 충분히 견딜 수 있으며, 쉽게 부식되지 않아 오랜 기간 보관하는 데도 유리하기 때문입니다. 무엇보다 열전도성이 뛰어난 합금이기 때문에 발사시 발생하는 열을 빠르게 분산시켜 총기의 과열이나 총탄 걸림을 방지할 수 있습니다. 이들은 모두 그리 어렵지 않은 물질의 조합이며 약간의 지식만 있더라도 얼마든지 게임 속에서 구현할 수 있습니다. 최근에는 다양한 샌드박스 게임이나 서바이벌 게임에서 널리 사용되는 방식이기도 합니다.

〈어쌔신 크리드〉 시리즈는 플레이 난이도가 높지 않은 만큼, 자유롭고 다양한 방식으로 즐길 수 있는 게임입니다 고증을 통해 구현된 과거의 시공간 속에서 과학적 요소나 화학적 사실들을 찾아보는 것도 또 하나의 즐거움이죠. 특히 라부아지에와 같은 실제 화학자의 이름과 이야기가 등장하는 흔치 않은 게임이며,[**]

[**] 스파이더스 Spiders에서 개발해 2022년 콘솔 게임으로 출시된 〈스틸라이징 Steelrising〉에서도 루이 16세와 마리 앙투아네트 등과 함께 라부아지에 관련 임무가 등장하긴 한다.

화학에서 가장 큰 사건이자 변곡점이었던 화학 혁명이 언급된다는 것 또한 충분히 특별합니다. 〈어쌔신 크리드〉 시리즈가 노트르담 대성당의 복원을 위한 자료로 주목받았던 것처럼, 예술과 문화뿐만이 아닌 과학에서도 게임을 완전히 새로운 형태의 교육 자료로 활용할 수 있지 않을까요?

5장

현실 같은 게임, 게임 같은 현실
〈젤다의 전설〉

전설이라는 단어는 우리에게 많은 감흥을 일으킵니다. 그리고 전설적인 게임이라 하면, 위대한 인물이나 사건이 배경이 되는 경우뿐만 아니라 그 자체로도 누구나 인정하는 전설이라고 평가되는 경우도 있죠. 프랭크 허버트Frank Herbert의 SF소설 세계관을 바탕으로 1992년 만들어진 〈듄 2Dune II: The Building of a Dynasty〉나 수많은 파생 IP의 시작이 된 1994년작 〈워크래프트〉 시리즈가 저에게는 대표적입니다.

    오래전부터 게임계의 주류를 이끌어 왔고 지금도 굳건히 버티고 있는 일본 롤플레잉 게임JRPG 계열에는 더 많은 전설이 있습니다. 1987년 스퀘어 에닉스SQUARE ENIX에서 발매된 〈파이널 판타지Final Fantasy〉나 〈드래곤 퀘스트Dragon Quest〉 시리즈, 팔콤Nihon Falcom의 〈영웅전설The Legend of Heroes〉과 〈이스Ys〉 시리즈는 게임에 관심이 있다면 한 번쯤 즐겨 봤을 듯싶습니다. 이번에는 제작자를 기준으로 두 명의 전설이 떠오르기도 합니다. 회사 경영이 어려워져 위기에 처한 아크 시스템 웍스Arc System Works에서 홀로 기획, 게임 디자인, 세계관 설정, 일러스트, 그래픽 작업, 작곡, 녹음, 성우 연기까지 맡아 〈길티기어Guilty Gear〉 시리즈를 흥행시킨 이시와타리 다이스케石渡太輔, 그리고 낙하산 입사인 줄 알았지만 〈마리오Mario〉, 〈동키콩Donkey Kong〉 시리즈 등 수많은 작품을 탄생시켜 최초의 스타 게임 개발자로도 불리는 닌텐도Nintendo의 미야모토 시게루宮本茂입니다. 이번 장에서는 미야모토의 또 다른 명작이자 이름부터 '전설'인 〈젤다의 전설The Legend of Zelda〉 시리즈로 이야기를 시작하려 합니다. 우리가 이제껏 이야기한 원소와 원자, 물질이 본격적으로 화학 반응을 이루기 위한 현대 화학의 기본 원리들에 대해서 말이죠.

젤다의 전설은 전설이다

'그래서 초록색이 젤다지?' 라는 밈은 〈젤다의 전설〉 시리즈에 단골로 따라붙곤 합니다. 당연히 모험을 이어 나가 위대한 결과를 남기는 플레이어블 캐릭터가 게임 타이틀에 쓰였을 것으로 생각하겠지만, 오히려 주인공의 이름은 링크이고 젤다는 하이랄 왕국의 공주이자 히로인으로 등장하는 인물입니다.* 이야기의 배경은 하이랄이라는 가상의 지역에 위치한 작은 왕국입니다. 이 왕국에

---

* 젤다라는 이름은 《위대한 개츠비The Great Gatsby》로 유명한 프랜시스 스콧 피츠제럴드Francis Scott Fitzgerald의 아내이자 소설가인 젤다 피츠제럴드Zelda Fitzgerald로부터 유래한 것으로 밝혀졌다. 구체적인 연원에 비해 특별한 이유는 없다고 한다.

는 황금의 삼대신인 힘의 여신 딘, 지혜의 여신 넬, 그리고 용기의 여신 펠이 세계를 창조하며 남기고 간 트라이포스라는 성유물이 전해져 왔지만, 어느 이야기에나 등장하는 악의 세력이자 주인공의 대적자인 가논이 힘의 트라이포스를 빼앗아 가며 여정의 서막이 오르게 됩니다. 링크는 가논에 맞서기 위해 지혜의 트라이포스 조각들을 모으며 하이랄의 구원이라는 목표를 향해 나아갑니다.

유서 깊은 명작 프랜차이즈인 〈젤다의 전설〉 시리즈가 현시대 사람들에게 깊은 인상을 안겨 주며 2017년 게임계를 지배하게 된 것은 바로 물리적이고 화학적인 작용들의 이야기를 들여다 볼 수 있는 〈젤다의 전설: 야생의 숨결The Legend of Zelda: Breath of the Wild〉(이하 〈야생의 숨결〉)로부터였습니다. 그해 가장 뛰어나고 인상 깊은 게임은 GOTY(Game of the Year)를 수상하게 되는데, 〈야생의 숨결〉은 대표적인 5개의 어워드 중 4개에서 GOTY로 선정되며 그야말로 전설로 자리매김합니다. 〈야생의 숨결〉의 가장 큰 특징은 광활한 세계를 활용한 오픈월드 요소였습니다. 자연과의 상호 작용은 다채롭고, 어디든 기어 올라가고 미끄러지며 현실 세계에서 가능할 법한 동작들을 바탕으로 탐험이 가능했죠. 이처럼 다양한 동작과 사물과의 상호 작용을 구현하기 위해서는 '물리 엔진Physical Engine'이라는 프로그래밍 파트가 활용되어야 합니다.

물리 엔진은 물질세계에서 통용되는 물리적 법칙들을 게임에 구현해 현실적인 동작이 가능하도록 만드는데 물체를 잡고 움직이는 동작의 자연스러움 외에도 작용과 반작용, 관성, 중력 등 모든 것을 대상으로 합니다. 게임을 즐기는 독자라면 구동 화면에서 사용된 여러 물리 엔진의 로고를 만나 본 경험이 있으실 듯합니다. 에픽 게임즈Epic Games에서 개발해 앞서 살펴본 〈어쌔신 크리드〉 시리즈에서도 활용되는 등 가장 흔히 등장하는 언리얼 엔진이나, 〈엔터 더 건전Enter the Gungeon〉, 〈얼불춤A Dance of Fire and Ice〉과 같은 캐주얼한 게임이나 〈더 롱 다크〉와 〈서브노티카Subnautica〉 등의 생존 어드벤처 게임, 그리고 모바일 게임에 자주 사용되는 유니티 엔진이 대표적입니다. 제가 게임 제작자는 아니지만 개인적으로 〈야생의 숨결〉에 사용된 하복 엔진의 특별함이 물리 현상을 가장 실감나게 구현한다고 생각합니다. 〈다크 소울〉 시리즈와 〈포탈Portal〉, 〈폴아웃Fallout〉, 〈헤일로Halo〉 시리즈에 모두 사용되고 있으며, 〈야생의 숨결〉 또한 하복 엔진을 바탕으로 절묘한 조절을 통해 현실적인 상호 작용을 보여 주고 있죠. 단순히 현실의 물리 작용을 그대로 구현했다기보다는 불필요한 부분은 의도적으로 완화시켜 '게임스러운' 상호 작용과 효과를 추구했다는 데도 의미가 있습니다.

물리 엔진이라는 단어는 친숙하실 수 있지만 이 물리 엔진이 어떤 방식으로 구현되었으며 무슨 의미를 가지는지에 대해서는 체감되지 않으실 테니 〈야생의 숨결〉을 예로 간단히 이해해 보죠. 물리적으로 움직이는 세상은 단단한 형태를 가진 채 운동이 가능한 '동적 강체Dynamic rigid body'와 이를 지배하는 '제약' 혹은 '규칙'으로 구성됩니다. 여기에 질량이나 관성을 부여해 속도와 가속도를 실현시켜 물리 현상을 제어할 수 있죠. 그런데 여기서 재미있는 문제가 발생합니다. 단순히 계산을 통해 얻어지는 속도를 강제해 움직이는 비물리 제어 오브젝트는 쉽고 편리하게 사용될 수 있지만, 때로는 이 단순화로 인해 계산을 벗어나는 모습을 보이곤 합니다. 예를 들어 두 개의 톱니바퀴가 맞물려 돌아갈 때 그 사이에 쇠막대 등이 끼어든다면 현실적인 물리 제어 방식에서

그림 5-1. 〈야생의 숨결〉 속 물리 엔진
지렛대 위로 떨어지는 바위는 캐릭터를 하늘 높이 날려 보낼 수 있다.

는 톱니바퀴의 회전이 멈추는 결과가 나타나게 됩니다. 반면 단순화된 비물리 제어 방식에서는 쇠막대가 튕겨 날아가죠. 시간이 지나면 내려와 닫히는 문 아래에 장애물을 넣어 정지시키는 동작도 물리 제어로는 가능하지만 비물리 제어 방식에서는 장애물이 밀려 나가며 문이 닫혀 유용한 상호작용으로 이어지지 않습니다. 아마 누구나 다양한 게임을 플레이하다 물체가 비정상적으로 튕겨 날아가는 장면들을 만나 본 경험이 있을 듯합니다. 물론 이러한 특이 작용을 조금 재미있게 사용해 시간을 단축하거나 진입할 수 없는 곳으로 들어가는 개척적인 플레이를 할 수도 있습니다. 그러나 〈야생의 숨결〉부터는 이 모든 것을 물리적으로 '제어'하기 시작했습니다.

화학 엔진과 연소

물체를 잡고 던지고 밀고 기어 올라갈 수 있는 물리 엔진이 있다면, 오브젝트가 불타거나 변화하는 등의 화학 반응을 구현하는 '화학 엔진'은 없을까요? 화학 엔진은 우리에게 친숙하지 않은 표현이겠지만, 〈야생의 숨결〉을 이 이야기의 시작으로 삼은 데는 이유가 있습니다. 가장 본격적으로 화학 엔진이라는 개념을 사용하고 추구하기 시작한 것이 바로 〈야생의 숨결〉이기 때문입니다. 화학 엔진이라고 해서 우리가 상상하지 못했던 거창한 작업이나 게임의 흐름과 무관한 연금술의 구현 등에 집착할 필요는 없습니다다. 사실상 물질이 있는 모든 것에는 화학이 작용하기 때문입니다. 현실에서 당연하게 생각하던 것을 표현하기 위해 화학 반응의 원리를 얼마나 현실적으로 구현하는가가 화학 엔진의 핵심입니다.

예를 들어 최초의 화학 반응이자 모든 화학의 시작이며, 문명과 에너지, 온기, 요리, 반응, 제련, 심지어 야생으로부터의 보호에까지 연결되는 연소 반응을 아주 자세히 뜯어보겠습니다. 우리는 물질이 불에 타는 연소가 이루어지기 위해 세 가지 필수 요소가 있다고 배우곤 합니다. 흔히 연료라 불리는 '탈 물질', 그리고 화학 반응을 지속시키기 위한 '산소', 마지막으로 첫 불이 붙기 위한 발화점 이상의 '온도'입니다. 타오를 수 있는 물질은 다양하지만 그중에서도 쉽게 떠올릴 수 있는 연료들을 나열해 본다면 나무나 숯, 휘발유, 플라스틱, 옷감, 종이 정도가 불에 휩싸인 모습이 바로 그려지죠. 이들 모두의 공통점은 탄소들이 연결되어 화학 분자의 구조를 이루고 있다는 점입니다. 구리나 철$_{Fe}$과 같은 금속에 열을 가한다고 해서 연료가 되어 타오르지 않고, 공기 속 대부분을 채우고 있는 질소는 불꽃을 가져다 대도 무관심하게 반응하는 것을 생각한다면 타오를 수 있는 물질은 처음부터 정해져 있는 셈입니다.* 그중에서도 과거 지구 생명체들이 변화해 만들어진 석탄이나 석유를 화석 연료로 사용하고 있는 것처럼 유기

---

* 경우에 따라 철도 연료가 될 수 있다. 우주 공간 등 제한적인 환경에서 작은 철 분말을 연료로 사용하는 기술도 최근 보고되고 있다.

체를 이루던 탄소는 훌륭한 연료가 됩니다.

탄소 물질들은 연소의 두 번째 요소인 산소와 결합하는 산화oxidation 반응을 통해 기존의 화학 결합을 끊고 새롭게 산소와 결합하며 그 과정에서 잉여 에너지를 빛과 열의 형태로 배출합니다. 이것이 바로 우리가 관찰하는 불꽃입니다. 다만 간단히 시작되는 일은 아닙니다. 캠핑에서 모닥불을 피우는 일이나, 야외 바비큐를 위해 숯을 빨갛게 달구는 데는 많은 노력이 필요합니다. 성냥불을 가져다 대는 것만으로 타오르지도 않으며, 구겨진 종이나 지푸라기 등 더 쉽게 연소하는 다른 연료들을 잔뜩 가져다 넣어야 하죠. 같은 탄소들의 결합이어도 모두 같은 방식으로 화학 변화가 이루어지지는 않습니다.

세상에는 수많은 탄소 기반의 화석 연료들이 있습니다. 당장 주유소만 이야기해도 휘발유와 경유가 나란히 놓여 있고, 커다란 회색 강철 용기에 담긴 액화석유가스(LPG)나 휴대용 버너에 사용되는 부탄 가스*도 모두 같은 탄소 물질이지만 서로 구분됩니다. 핵심은 연결된 탄소의 개수입니다. 빠르게 휘발하며 쉽게 불타는 기체 상태의 연료는 상대적으로 적은 탄소 개수를 갖습니다. 3개의 탄소로 이루어진 프로페인(프로판 가스)이나 4개 탄소를 가진 뷰테인(부탄 가스)이 여기에 해당합니다. 7~8개의 탄소는 휘발유가 되며, 12~20개 탄소 연료는 경유로 구분합니다.

---

* 정확히는 부탄이 아닌 뷰테인butane이나 국내에서 보편적으로 사용되는 제품명으로 표기하였다.

탄소가 많을수록 점화는 어렵지만 산소와의 화학 결합으로 얻을 수 있는 에너지의 양은 커집니다. 승용차에는 휘발유를 사용하고 트럭이나 버스와 같은 커다란 운송 수단에는 경유를 사용하는 이유입니다. 물론 더 강력하고 무거운 연료도 있습니다. 선박이나 화력 발전소, 공업 시설 등에서 연료로 사용하는 중유는 무려 20~50개의 탄소로 이루어진 사슬입니다. 탄소 개수가 점차 늘어남에 따라 물질은 더 무겁고 끈적해집니다. 그리고 분자의 크기가 커질수록 분자 간 인력이 강해져 기체가 되어 날아가기도 어려워집니다. 타르 등을 증류해 얻어지는 피치Pitch라는 탄소 사슬 덩어리는 사실상 액체로 만들 수 있는 가장 끈적이는 물질과 다름없습니다. 1930년부터 지금까지 계속해서 방울이 되어 떨어지는 모습을 관찰하고 있지만 94년간 단 아홉 방울만이 맺혀 떨어진 물질로, 피치 낙하 실험은 기네스 세계 기록에도 등재된 세상에서 가장 오랫동안 진행되고 있는 과학 실험이기도 합니다.[**] 당연히 그만큼 함유한 에너지가 높기 때문에 과거에는 알렉산드로스 대왕에 의해 인화 무기의 연료로 사용된 역사도 있습니다. 숯이나 석탄은 이보다도 더 많은 탄소가 연결되어 단단한 고체로 남아 있을 수 있습니다.

[**] 1930년부터 진행 중인 피치 낙하 실험은 다음 사이트에서 실시간으로 확인할 수 있다(http://www.thetenthwatch.com). 2025년 현재 열 번째 방울을 기다리는 중이며, 아홉 번째 방울이 2014년 4월 24일 분리되어 떨어졌기에 경향성을 바탕으로 추측한다면 대략적으로 2028년경 열 번째 방울이 떨어질 듯싶다.

그림 5-2. 피치 낙하 실험
피치 낙하 실험은 세상에서 가장 오랫동안 진행 중인 실험이다.

탄소 연료의 연소에서 남겨지는 것은 이산화 탄소와 수증기H_2O입니다. 연료를 구성하는 탄소와 수소는 각각 산소와 결합하며 이 두 가지 결과물을 만들어 내는데, 여기에서 우리는 연소가 일어나기 위해서는 결국 사슬 형태로 길게 연결된 탄소들이 모두 끊어져야 한다는 사실을 알 수 있습니다. 만약 탄소 간의 결합이 보다 쉽게 끊어질 수 있었다면 어땠을까요? 모닥불을 피우기는 쉬웠겠지만 인간 역시 탄소가 연결된 덩어리로 이루어졌다는 사실을 고민해 본다면, 어쩌면 더운 여름날 사람들이 증발하거나 타올라 사라졌을 수도 있습니다. 반대로 탄소의 결합이 간단히 만들어질 수 있었다면 맞닿은 손이 달라붙어 모든 생명체가 하나의 덩어리가 되는 코스믹 호러 풍의 종말을 맞이했을 수도 있겠죠.

많은 난관을 넘어 충분한 에너지로 연소가 시작되면 드디어 밝은 노란색과 주황색이 뒤섞인 채 타오르는 불을 만날 수 있습니다. 한번 타오른 불은 계속해서 주위의 연료를 산소와 결합시키며 화학 반응을 이어 나갑니다. 노란빛의 불꽃색도 탄소 연료의 특징입니다. 원소의 종류에 따라 불꽃의 색은 다채롭습니다.

이는 불꽃 반응이라는 어렵지 않은 실험의 관찰 결과이자, 100여 종 이상의 화학 원소가 갖는 지문과도 같은 특색이며, 또한 여름날 밤하늘을 수놓는 불꽃놀이의 가장 중요한 원리이기도 합니다.

현실에 반응하는 게임

불은 위험하지만 매력적이고, 또 유용한 만큼 어느 게임에서나 등장합니다. 하지만 대부분의 불은, 물체의 움직임을 현실적으로 구현하는 물리 엔진이 고정된 질감의 물체에 작용할 때보다 훨씬 단순하고 밋밋한 방식으로 설계되어 왔습니다. 계속해서 불타고 있는 지역과 그렇지 않은 지역을 구현하는 것은 단순한 설정만으로 가능합니다. 불에 닿으면 피해를 입는 범위가 한정되어 있다면 크게 어려운 일이 아니겠죠. 하지만 불에 물을 끼얹는 동작이 만들어 낼 결과는 어떨까요?

물리 엔진을 정해진 물리적 규칙에 기반한 '운동 계산기'라 표현할 수 있다면, 화학 엔진은 물질의 반응과 결합에 기반한 '상태 계산기'로 볼 수 있습니다. 계산의 대상을 조금 더 구체적으로 살펴볼까요. 나무나 바위, 금속, 동물, 사람 등 고체 형태를 이룬 채 움직이는 물체들은 '재료'로, 불이나 물과 같이 상태가 함께 고려되어야 하는 것은 '원소'로 볼 수 있습니다. 화학적 개념에서의 원소는 아니지만 우리가 만나 본 연금술 시대에서 세상을 이루는 근간이자 변화의 핵심으로 생각했던 원소와 비슷하겠죠. 중요한

그림 5-3. 〈야생의 숨결〉 속 화학 엔진
불은 풀에 옮겨 붙기도 하고(상),
상승 기류를 발생시켜 패러글라이더를 띄워 올릴 수도 있다(하).

것은, 화학 엔진에서는 원소가 재료에 영향을 준다는 부분입니다.

〈야생의 숨결〉에서는 플레이어가 나무에 불화살을 발사하거나 불타는 나뭇가지를 던지면 주위로 불이 번지며 재가 남습니다. 불이 붙은 나뭇잎이 타서 사라지고 나무의 몸통도 타오릅니다. 연소의 조건이 모두 맞아떨어지는 만큼 현실에서는 간단한 일이지만 이를 게임 속에 '그대로' 구현하기 위해서는 노력이 필요했다는 것을 알 수 있죠. 이 현상을 통해 게임의 배경인 하이랄이 지구처럼 산소로 이루어진 대기를 가지고 있다는 사실까지 생각해 볼 수 있습니다.* 원소는 재료뿐만 아니라 다른 원소의 상태를 변화시킬 수도 있습니다. 불이 물과 접촉할 때 사라지는 현상은 발화점 이상의 온도를 유지할 수 없어 연료의 화학 결합을 끊을 충분한 에너지가 공급되지 못하기 때문입니다. 이런 현상을 반영하듯 게임 속에서 비가 오면 횃불이나 불화살 등이 모두 꺼지게 되며, 마찰로 인해 발생하는 불의 빈도도 감소합니다. 반대로 불이 타오를 때는 주위 기체의 온도가 높아지며 상승 기류가 발생해 플레이어가 타는 패러글라이더가 더 높이 날아올라 비행할 수 있게 됩니다.

또 다른 원소로 간주되는 바람으로는 돌풍을 일으켜 뗏목을 앞으로 추진하게도 만들 수 있습니다. 전기 역시 마찬가지입니다. 비가 내리는 날씨에 금속 무기를 사용하다 보면 그 위로 번개가 떨어지기도 하며, 이를 이용하여 금속 물체를 적절히 배치하여 전기를 전도시키면 장치가 작동해 퍼즐을 풀어나거나 적을 제압할 수도 있습니다. 어찌 생각하면 당연하고 단순한 장면들일 수 있지만 화학 반응의 기본 원리와 물질의 화학적 성질, 그리고

---

* 더 나아가 〈젤다의 전설〉 속 생물들이 호기성 환경에서의 진화로 형성되었음을 알 수 있고, 유전 정보가 인간과 마찬가지로 DNA를 통해 복제 및 전달되는 생명과학적 근원을 가지고 있으리라 추측할 수 있다.

원소와 재료의 관점을 모두 시뮬레이션해 구현한 화학 엔진은 큰 의미를 갖습니다. 〈야생의 숨결〉 속 원소들은 가장 고전적인 관점에서 바라본 세상의 구성 요소이자, 연금술의 절대적 규칙이기도 했고, 더 나아가 화학의 탄생으로 이어지는 발견들과도 연관되기 때문입니다.

물리 엔진과 화학 엔진 모두 프로그래밍을 통해 게임 속에 구현될 현상의 시뮬레이션인 만큼 '계산 가능함'을 전제로 합니다. 그리고 이러한 게임 엔진은 게임 속에서 발생할 미래를 현실과 동일하게 예측합니다. '과학이 무엇인가'에 대해서는 다양한 해석과 정의가 있지만, 그럼에도 과학이 할 수 있는 가장 중요한 일은 미래를 예측할 수 있는 신빙성 있는 도구로서의 역할입니다. 시시각각 변화하는 화폐와 부동산, 주식의 가치 같은 것들을 완벽히 예상할 수는 없겠지만, 복잡계complex system를 고려한 과학을 기반으로 그 변화를 대략적으로 짐작할 수는 있습니다. 인간에게는 너무나 거대한 시스템인 지구의 기후와 해류의 순환조차 약간의 오차가 있더라도 어느 정도 예측할 수 있는 정도니, 언젠가 우리가 과학을 통해 세상을 이해하고 제어하는 전능함을 갖게 되리라는 막연한 기대는 매력적일 수밖에 없습니다.

보존 법칙과 등가 교환

화학은 실존하는 모든 물질을 다루는 만큼 물질의 변화에 대한 예측과 계산이 얼마든지 가능합니다. 이때 계산을 위해서는 정확한 수치들을 입력해야 합니다. 과학이 발전하며 우리는 불과 물 같은 추상적인 근원을 넘어 다양한 원소에 이르렀지만, 동시에 그보다 더 정량적이고 체계적인 만물의 기본 단위를 찾아야 했습니다. 세상을 구성하는 가장 작은 단위가 있을 것이라는 생각은 고대 그리스의 철학자 레우키포스Leucippus와 데모크리토스Democritus로부터 계속 이어져 왔지만 직접적인 관찰이 가능해진 것은 최근의 성과입니다. 그전까지는 약간은 철학적이면서도 대체로 과학적인 관점에서 원자의 형태와 특징을 구체화해 왔습니다.

이 '기본 단위'에 대한 생각을 이전에도 살펴본 네 가지 고전 원소에 적용해 볼까요. 예를 들어 한 컵의 물과 넓은 호수는 모두 (고전적인 관점에서) 물이라는 동일한 원소임이 틀림없습니다. 하지만 많고 적음을 의미하는 '양'이라는 개념은 분명히 존재합니다. 이전까지는 컵이나 병, 통과 같이 물이 담긴 용기의 종류와 개수를 단위로 물을 표현해 왔지만, 이제 더 나아가 반응이나 균형을 이야기하기 위해서는 원소 자체의 양을 표현할 가산적 단위가 필요해집니다. 과학자들은 이를 원자라 이해했습니다. 양의 많고 적음을 표현하기 위해서는 물질을 구성하는 원자의 개수를 비교하면 됩니다. 못과 자동차를 이루는 재료가 철이라는 원소로 같더라도, 작은 못보다는 커다란 자동차를 구성하기 위해 훨씬 더 많은 원자가 필요한 셈입니다. 물질의 종류와 성질을 표현하기 위해 원소가 사용되었던 것처럼, 이제는 물질의 양을 비교하기 위해 원자라는 가장 작은 단위가 사용됩니다.

하지만 같은 원소이더라도 큰 불과 작은 불은 양의 많고 적음으로 표현하기 어렵습니다. 연소 반응이 일어나기 위한 연료의 양이나 화학 반응의 빠르기를 통해 불이 타오르는 크기와 속도를 비교할 수는 있지만, 불 원소가 10개, 100개, 혹은 1000개 모여 있다는 방식으로 말할 수 없는 것과 같습니다. 과거에는 이 사실을 자연스레 납득하기 어려울 수도 있었겠죠. 화학 혁명을 이끈 근대 화학의 아버지 라부아지에 역시 같은 문제를 마주했었습니다. 그는 동료였던 저명한 수학자 라플라스와 함께 열량이라는 대상을 연구했지만, 역시 양으로 환산하기 어려운 열을 두고 라부아지에는 원소라고 생각했고, 라플라스는 에너지라고 추측했습니다.

물질의 단위를 계속해서 더 작게 잘라 나가다 보면 언젠가 기본 단위를 차지하는 알갱이가 분리되겠죠. 더 이상 같은 방식으로는 잘라 낼 수 없어야만 '기본 입자'라는 표현이 합리성을 갖습니다. 원자$_{atom}$라는 단어가 그리스어로 '나눌 수 없음$_{atomos}$'을 의미하는 단어에서 유래했듯이, 이를 더 작은 조각으로 분해하는 것은 불가능합니다. 물론 화학에서의 기준일 뿐, 핵분열이나 핵융합이라는 파괴적인 물리적 반응을 통해 더 작게 분해하거나 더 크게 뭉쳐서 키워 나갈 수도 있습니다.* 하지만 원자 중앙에 단단히 자리 잡은 원자핵이 원소의 정체성을 결정하는 만큼 강력한 물리적 작용에 의해 원소의 본질이 상실되는 경우는 화학에서 논

---

* 핵분열은 물리학의 연구 영역이지만 처음 핵분열을 발견한 것은 오토 한Otto Hahn을 필두로 한 화학자들이었다. 화학자들은 스스로 화학의 한계를 마주한 셈이다.

의하지 않습니다.

　1803년 영국의 화학자 존 돌턴John Dalton은 원자와 관련해 고대 그리스부터 이어져 온 수많은 가설을 통합해 하나의 이론으로 정립합니다.** 이 이론이 바로 '모든 물질은 원자로 이루어져 있으며, 이 원자는 더 이상 쪼갤 수 없고, 반응 중에도 사라지거나 생성되지 않는다'라는 내용의 '원자론'이었습니다. 이 생각은 곧 '질량 보존의 법칙'으로 연결됩니다. 돌턴보다 앞서, 라부아지에가 체계화한 이 법칙은 화학 반응 전후의 전체 질량은 변하지 않는다는 매우 단순하면서도 근본적인 주장입니다. 어떤 화학 반응이 일어나더라도 그 물질을 이루는 원자의 종류와 개수는 절대 변하지 않기 때문에 질량도 유지되며, 이는 원자의 불변성을 이야기하는 돌턴의 원자론을 통해 증명됩니다.

　화학 반응은 이제 물질 간의 관계에 대한 과학적 법칙으로 설명되기 시작합니다. 그리고 곧이어 이 반응은 연금술 시대에 기대되던 것처럼 신비와 마법의 영역이 아니라는 사실이 드러납니다. 〈야생의 숨결〉에서 금속이 전기를 전도하고 비바람이 불의 작용을 억제하는 것처럼 신기하게만 보이는 모든 장면 뒤에는 자연의 확고한 원리와 질서가 존재합니다. 이러한 질서는 화학의 세계에서는 '보존 법칙'이라는 이름으로 표현됩니다. 그리고 이 법칙을 이해하는 데 있어 원자론의 탄생은 결정적인 순간이었습니다.

**　이 때문에 돌턴의 원자론은 발명 혹은 발견보다는 '정립'했다고 표현된다.

게임 속에서 나무 화살이 불에 타 버리고 나뭇잎이 재가 되는 장면 속에서는 모든 것이 완전히 사라져 없어지는 듯 보입니다. 하지만 현실의 화학 세계에서는 단 하나의 원자도 사라지지 않습니다. 단지 위치와 결합의 형태만이 달라질 뿐이죠. 나무에 불이 붙어 연소 반응이 일어날 때, 탄소 원자가 산소와 결합해 이산화 탄소로 바뀌고 수소가 수증기로 변하는 과정을 통해 물질의 총량은 그대로 보존됩니다. 이것이 〈야생의 숨결〉 속 화학 엔진의 핵심입니다.

즉, 화학 엔진은 물질이 사라지지 않고 다른 모습으로 이어질 뿐이라는 점을 보여줍니다. 그리고 그 변화를 일으키는 주체가 바로 앞서 말한 원소입니다. 물질은 다른 물질의 상태를 변화시킬 수 없지만, 불이 나무를 태우는 것처럼 원소는 물질의 상태를 변화시킬 수 있습니다. 그리고 또 다른 원소의 상태도 변화시킬 수 있죠. 물이 불을 꺼뜨리면서도 전기의 효과는 더욱 크게 증폭하는 것과 같습니다. 이때 중요한 것은 상태만 변할 뿐, 원자의 총량은 변하지 않는다는 점입니다. 물은 불을 만나 증기로 변하고 불은 흙과 함께 용암으로 변합니다. 그리고 용암은 물과 접촉하면 다시 돌로 굳어 버립니다. 이 모든 변화의 과정과 결과가 너무나 당연한 것으로 생각된다면, 그만큼 우리가 쌓아 올린 연금술과 화학의 기틀이 굳건하다는 의미입니다.

결국 화학 반응의 본질은 원자 사이의 결합이 끊어지고 이들이 새로운 방식으로 다시 연결되는 것입니다. 돌턴이 말한 원자의 불변성과, 라부아지에가 정립한 질량 보존의 법칙 외에도 그 이후의 발전을 통해 우리는 또 다른 보존의 개념들을 만나게 됩니다. 에너지와 전하, 원자 수의 보존과 같은 법칙들이죠. 마치 젤다의 세계에서 모든 마법과 아이템이 화학 엔진으로 구현된 규칙 아래 작동하듯, 우리 세계의 화학도 절대적인 보존의 법칙 아래에서만 작동합니다.

특히 여러 매체에서 연금술의 기본 개념으로 등장하는 '등가교환'은 다양한 보존 원칙들과 깊이 닿아 있습니다. '무언가를 얻기 위해선 그에 상응하는 대가가 필요하다'는 말은 단순히 철학적이고 추상적인 개념일 뿐만 아니라, 화학 반응의 본질적인 구조를 매우 직관적으로 설명한 것입니다. 새로운 물질이 생성되려면 그에 필요한 모든 원자가 반응의 출처로부터 정확히 제공되어야 합니다. 아무것도 없는 곳에서 금을 만들어 낼 수는 없습니다. 모든 창조에는 그와 대등한 해체가 필요하며, 따라서 모든 반응은 보존과 균형을 전제로 합니다.

이러한 이해는 단지 화학을 발전시키는 데서 끝나지 않았습니다. 물질과 에너지의 보존, 원자의 불변성, 그리고 정량적 분석의 가능성은 문명의 근간을 바꿨습니다. 산업 혁명은 연소 반응과 보존 법칙의 이해 없이는 불가능했으며, 현재 의약품 합성, 연료 개발, 신소재 창출, 원자력 에너지의 활용까지도 전부 이 작은 원자와 그 보존 원리에 뿌리를 두고 있습니다.

젤다의 전설 속 하이랄처럼, 현실 세계도 무수한 법칙이 얽혀 거대한 질서 속에서 움직입니다. 그리고 그 질서를 발견해 나가는 일이 바로 화학의 여정입니다. 지금부터 우리의 이야기는 이제 원소를 나열하고, 반응식을 외우는 것을 넘어섭니다. 우리가 문명을 쌓아 올리는 데는 단순한 물질적 등가교환을 넘어 노동력과 시간, 인간의 지식, 능력과 헌신 등 무형의 가치도 투입됩니다. 그리고 그 구체적인 형태는 물질의 기본 학문인 화학을 통해 이루어집니다. 하이랄의 전설이 그러했듯, 화학도 점차 그 자체로 위대한 전설이 되어가고 있습니다.

6장

화학이 연출한 역사
〈문명〉

〈문명Civilization〉 시리즈는 시드 마이어Sid Meier를 비롯한 개발자들에 의해 만들어진 턴제 전략 시뮬레이션 게임의 대표작입니다. 1991년에 1편이 나온 이후, 2025년 2월 출시된 7편까지 유구한 역사를 자랑합니다. 〈문명〉 시리즈의 가장 큰 강점은 인류 문명의 발원부터 현대를 거쳐 아직 오지 않은 미래까지 모두 경험할 수 있는 방대한 게임 스케일입니다. 또한 역사에서 실제로 등장했던 다양한 문명들이 저마다의 특색을 가진 채 다채롭게 구현되어 있다는 특징도 있죠. 이 게임의 목표는 이 중 한 문명을 골라 무작위적으로 주어지는 지정학적 상황에 맞게 발전시켜, 다른 문명보다 빠르게 승리 조건을 갖추는 것입니다. 승리 조건은 군사적 정복뿐 아니라 과학, 문화, 외교, 종교에 이르기까지 다양하게 존재합니다. 이번 장에서는 〈문명〉 시리즈 중 5편과 6편에 나온 과학적 요소들을 다루고자 합니다.

악명 높은 중독성

'문명하셨습니다'라는 유행어를 들어 보신 적이 있나요? 〈문명〉 시리즈의 악명 높은 중독성을 재미있게 표현한 밈입니다. 인터넷에 〈문명〉 시리즈를 검색해 보면 이 게임을 재미 삼아 한번 플레이해 봤을 뿐인데 다음 날이 되어 있다든지, 학기 초에 게임을 플레이하고 정신을 차려 보니 중간고사 시험 전날이었다든지 하는 등의 괴담을 쉽게 찾을 수 있습니다. '문명하셨습니다' 유행어를 만들어 낸 주범인 〈문명 5〉를 처음 플레이하면서, 필자 K도 대학원생 시절 주말이 통째로 날아갔던 기억이 있습니다. 이처럼 〈문명〉 시리즈는 〈풋볼매니저Football manager〉*와 〈히어로즈 오브 마이트 앤 매직Heroes of Might and Magic〉** 시리즈와 함께 중독성이 강한 게임의 대명사로 여겨집니다.

어떤 게임이 높은 중독성 혹은 흡입력을 보여 주는가 하는 것은 게임 개발자 혹은 판매자의 입장에서 아주 중요한 문제가 아닐 수 없습니다. 언뜻 이 문제의 답은 막대한 예산과 인적 자원 투자를 통해 만들어진 현란한 그래픽 묘사와 방대한 세계관일 것 같지만, 이런 요소들은 많은 경우 게임의 중독성과 큰 연관이 없습니다. 예산이 많이 투입된 영화가 꼭 좋은 영화가 아닌 것과 비슷합니다. 예를 들어 〈풋볼매니저〉 시리즈는 〈피파FIFA〉 시

---

* 축구 감독으로서 팀의 운영, 전술, 이적 등 전반을 총괄하는 게임.
** 판타지 세계관을 바탕으로 한 턴제 전략 시뮬레이션 게임.

리즈와 마찬가지로 축구 게임이지만, 두 게임이 축구 경기를 묘사하는 방식에는 큰 차이가 있습니다. 〈피파〉 시리즈가 프로스트바이트와 같은 최첨단 게임 엔진을 도입하며 사실적인 축구 게임 묘사에 힘쓰는 동안 〈풋볼매니저〉 시리즈는 선수를 간단한 장기판 위의 말로만 묘사했지만, 이 게임이 거느린 마니아층은 결코 〈피파〉 시리즈에 뒤지지 않습니다. 〈문명〉 시리즈도 마찬가지입니다. 〈문명〉 시리즈가 거느린 수많은 마니아층의 충성도는 오랫동안 굳건했지만 이것은 〈문명〉 시리즈가 마치 영화를 보는 듯한 생생한 그래픽을 구현했거나 장편 소설과 같은 거대한 세계관을 갖추었기 때문은 아닙니다. 〈문명〉 시리즈가 그 특유의 중독성과 흡입력을 가지는 이유는 플레이어가 '다음엔 어떤 과학 기술을 개발할 수 있을까?', '내 땅에 지어질 다음 역사 유적은 어떤 것일까?', '다음에 마주칠 문명은 어떤 문명일까?'라는 생각을 하며 바로 한 턴 앞을 예측할 수 없기 때문입니다. 여러 문명 간의 역학 구도가 현세와 전혀 다르게 구현된다는 점도 한몫을 합니다. 대한민국이 세계의 군사 및 외교 질서를 호령하기도 하고, 이집트가 인류 최초로 달 상륙에 성공하기도 하며, 콩고의 문화유산이 전 세계의 관광 산업을 잠식하기도 합니다. 또, 여타 시뮬레이션 게임과는 달리 단순히 군사력을 키운다거나 과학 기술을 발전시키는 데 그치지 않고, 문화, 외교, 종교 등 자신이 원하는 방식으로 게임의 승리를 이끌어 나갈 수 있다는 점도 이 게임이 가진 매력 중 하나입니다.

우리나라가 질산 칼륨 보유국입니까?

〈문명〉 시리즈를 플레이하면서 과학 기술을 발전시키기 위해서는 그저 즐겁게 마우스를 클릭하고 턴을 흘려보내기만 하면 됩니다. 하지만 현실에서는 과학자들의 호기심과 흥미만으로 과학의 폭발적인 발전을 기대하기는 어렵죠. 과학의 발전은 정부의 재정적, 정책적 지원이 오랜 시간에 걸쳐(혹은 단시간 내에 집약적으로) 이루어질 때 가시화될 수 있습니다. 정부 지원에 대한 학계의 의존성은 시간이 갈수록 커지고 있는데, 현대의 과학이 점점 더 최첨단 장비와 고급 데이터를 필요로 하기 때문입니다.

　우리나라와 같은 민주주의 사회에서 정부의 지원 의지는 당연하게도 그 나라 국민의 지원 의지를 반영하게 됩니다. 물론 국가의 과학 기술이 발전해야 한다는 것에 동의하지 않는 국민은 아마 없을 것입니다. 하지만 즉각적이고 가시적인 성과가 담보되지 않는 양자 컴퓨터 분야에 대한 투자와 가계의 주거 안정성 개선을 위한 보편적 금융 지원 중 어느 곳에 내가 낸 세금을 사용할지 결정해야 한다면, 이때부터는 더 이상 과학 기술의 우선권을 담보하기 어려워집니다. 반면, 나라가 위기에 처하면 상황이 변하곤 합니다. 2019년 전 세계를 휩쓸었던 코로나 바이러스의 창궐은 국제 사회의 정부들이 전염병 관련 연구에 국민들의 눈치를 보지 않고 재정을 마음껏 투입할 수 있도록 해주었습니다. 같은 해 우리나라는 일본과의 정치적 갈등 상황에서 반도체 기초 소재 수입이 막히게 되자, 역시나 이 기술을 국산화하기 위한 예산을 대거 편성했습니다. 이처럼 정부가 과학 기술에 대한 투자를 '눈앞의 필요'를 위해 하는 것처럼 보이는 이유는 정부가 근시안적이라서가 아니고, 국민 대다수의 시대적 정서를 고려한 의사 결정에서 자유로울 수 없기 때문입니다.

이와 유사한 상황들로 인해 인류의 역사에서 과학 기술의 발전은 전쟁과 떼려야 뗄 수 없는 관계에 놓여 있습니다. 국가가 전시 상황에 놓인다면 적국과 우리나라의 과학 기술 격차가 전쟁의 승패와 직결되고, 전쟁의 승패는 모든 국민들의 절대적 관심사이기 때문입니다. 제1차 세계대전 중 독일이 주요하게 사용한 생화학 무기는 이에 대한 검출 및 방어 기술의 발전을 주도하였고, 총알이 빗발치는 전장에서 희생되는 군인들의 목숨을 구하기 위해 비행기, 탱크, 잠수함의 탄생이 가속화되었습니다. 한편 제2차 세계대전에서 사용된 나치의 암호인 '에니그마Enigma'를 해독하기 위한 간절한 노력으로 컴퓨터를 만들어 냈고, 급작스러운 적의 공격에 시달리던 참전국들은 어쩔 수 없이 사람의 눈이 볼 수 없는 것까지 훤히 볼 수 있는 레이더radar 시스템을 개발했습니다.

그렇지만 오늘날에는 두 번의 전쟁을 통해 눈부신 과학 기술의 발전을 주도했던 유럽의 주요 국가들도 군사 장비와 기계들의 노후화 및 정비 인력 부족 현상을 겪고 있습니다. 분단국가의 숙명으로 인해 국가 안보와 군사 기술 개발을 소홀히 할 수 없었던 우리나라는 그 사이 세계적 군사 강국으로 발돋움하였고, 러시아-우크라이나 전쟁 발발에 긴장한 유럽 국가들에게 무기를 수출해서 외화를 벌어들이기도 했습니다. 전쟁, 혹은 전쟁에 대한

그림 6-1. 〈문명 6〉 플레이 화면
아뿔싸, 질산 칼륨이 내 영토 밖에 있다는 것을 알게 되었다.

긴장 상태가 그와 관련된 과학 기술의 발전에 얼마나 중요한 영향을 끼치는지 잘 보여 주는 사례들입니다.

〈문명〉 시리즈를 플레이할 때도 한 나라(혹은 문명)의 과학 기술 발전은 주로 전쟁과 함께 이루어집니다. 이 게임은 문화, 예술, 종교, 외교 등 여러 가지 관점에서 인류와 문명의 발전을 조명하고 있지만, 이들은 모두 인접 국가에게 군사적으로 정복당한다면 의미가 없어지는 것들이기 때문입니다. 15세기 이후 제국주의의 태풍에 휩쓸린 잉카, 아즈텍, 그리고 남태평양과 아프리카의 수많은 문화들이 지금은 그 흔적만 남기고 사라진 것과 마찬가지입니다. 〈문명〉 시리즈에는 나라의 군사력을 크게 좌우하는 중요한 전략 자원들이 구현되어 있습니다. 〈문명 6〉를 예로 들어보면, 시대 순서에 따라 말, 철, 질산 칼륨, 석유, 우라늄 등을 연구할 수 있으며 이들은 기마병, 머스킷병, 현대식 보병, 원자폭탄과 같이 각 시대를 대표할 만한 군사 자원을 확보하기 위해 꼭 필요한 전략 자원들입니다. 만일 플레이어의 문명이 적국에 비해 시대적으로 뒤처진 군사 유닛을 보유하고 있다면, 개화기의 동아시아 국가들처럼 상대국의 비대칭 전력에 의해 힘 한번 못 써 보고 수도를 내줄 수밖에 없게 됩니다. 따라서 내가 통치하는 영토 안에 이들 전략 자원이 나타나는지 여부에 따라 추후 게임의 양상 및 전략이 크게 바뀌게 됩니다. 그런데 전략 자원의 존재 여부는 처음부터 알 수 없고, 과학 기술을 발전시킴에 따라 점차 숨어 있던 전략 자원을 지도에서 발견할 수 있습니다. 그러다 보니 군사 공학Military Engineering 기술의 개발이 완료되는 턴에는 "제발 내 땅에 질산 칼륨이!"를 외치고 있는 자신을 발견하게 됩니다. 질산 칼륨을 이용하여 게임 내에서 처음으로 화약을 사용하는 머스킷병을 생산할 수 있기 때문입니다. 만약 내 영토 내에 질산 칼륨이 나지 않는다면, 인접 국가의 총 앞에 무릎을 꿇거나, 비싼 값을 치르고 무역을 통해 질산 칼륨을 사 오는 수밖에 없습니다.

불로장생의 꿈이 인류 최악의 살상 무기로

질산 칼륨은 말, 철, 우라늄과 같이 직관적으로 이해되는 다른 전략 자원들에 비해 그다지 특별할 것이 없어 보입니다. 질산 칼륨은 칼륨 양이온과 질산 음이온이 만나 서로 엉키면서 형성된 고체 화합물입니다. 양이온과 음이온의 만남이기 때문에 서로 강하게 끌리고, 일정한 모양으로 응집되면 소금과 같은 결정으로 존재할 수 있습니다. 이런 식으로 이온끼리 만든 화합물을 보통 '염$_{salt}$'이라고 부릅니다. 소금의 화학적 명칭인 염화 나트륨$_{NaCl}$, 눈이 오면 도로에 뿌리는 염화 칼슘$_{CaCl_2}$, 석회암 동굴에서 찾을 수 있는 탄산 칼슘$_{CaCO_3}$ 등 우리 주변에서 너무나도 쉽게 만날 수 있는 것들이죠. 이를 반영하듯 질산 칼륨의 오래된 또 다른 이름은 'saltpeter'인데, 'salt'는 염이라는 뜻이고, 'peter'는 돌이라는 뜻을 가진 라틴어 'petra'에서 유래되었습니다. 종합해보면 '돌에서 얻을 수 있는 염'이라는 뜻입니다. 우리가 일상에서 사용하는 염이라는 단어가 소금을 가리키는 것처럼, 질산 칼륨은 겉보기에는 마치 소금처럼 하얀색 가루일 뿐이죠.

〈문명 6〉에서는 질산 칼륨이 군사 공학 기술을 연구하기 전에는 지도에 나타나지 않아 발견할 수 없는 자원이지만, 역사적으로는 화약으로 사용되기 이전에도 인류와 오랜 시간 함께한 물질이었던 듯합니다. 동굴의 벽이나 흙에서 질산 칼륨을 쉽게 찾을 수 있으며, 특히 집을 짓는 데 사용된 석재에서는 퇴적된 질산 칼륨이 백화 현상$_{efflorescence}$을 일으키곤 했습니다.[*] 질산 칼륨을 고대 인류가 얼마나 유용하게 사용했는지는 불확실하지만, 기원전 400년의 고대 도시 페트라$_{Petra}$[**]에서 질산 칼륨을 의도적으로 생산했던 흔적이 발견되었으며 1세기 무렵에는 냉장고가 없었던

---

[*] D. W. Barnum, "Some History of Nitrates", *J. Chem. Educ.* 80(12) (2003): 1393.

로마 제국 사람들이 질산 칼륨을 고기 보존제로 사용했다는 기록도 찾아볼 수 있습니다.

질산 칼륨이 본격적으로 인류 문명 한가운데에 뛰어들기 시작한 것은 9세기 경 중국에서였습니다. 이 당시 중국에서는 불사의 영약을 찾기 위한 노력이 한창이었는데, 이를 위해 많은 화학 실험을 시도한 승려들에 의해 질산 칼륨이 불과 만났을 때 기체를 생성하며 연소할 수 있는 물질이라는 것이 처음 밝혀졌습니다. 이때부터 이 물질은 불꽃놀이를 위해 널리 사용되었습니다. 또한 불화살이나 원시적 형태의 대포로 개발되어 군사적 목적으로도 활용되기 시작하였습니다. 〈문명 6〉 개발진은 질산 칼륨의 군사적 활용이 중국에서 처음 이루어졌다는 점을 인정하여 와호 Crouching Tiger라는 고유 공성 유닛을 중국 문명에 만들어 주었습니다. 덕분에 중국 문명은 질산 칼륨이 등장하는 시기에 군사적 전성기를 구가합니다. 하지만 안타깝게도 고대 중국인들은 13세기에 금나라와 송나라(남송)가 몽골족에 의해 멸망당할 때까지도 질산 칼륨을 대다수 보병의 주무기로 사용할 생각을 하지 못했습니다. 이후 원나라 군대가 중앙아시아를 거쳐 유럽에까지 질산 칼륨의 강력함을 전파하고, 75%의 질산 칼륨, 15%의 탄소, 10%의 황의 비율로 최적화된 화약이 개발되면서 인류는 칼의 역사에서 총의 역사로 빠져들게 됩니다. 불로장생의 약을 개발하기 위한 중국 승려들의 노력이 수많은 사람의 생명을 앗아간 화

  **   현재 요르단 지역에 있는 고대 사막 도시. 홍해와 흑해 사이에 위치해 있으며 나바테아인들에 의해 건설되었다고 알려져 있다.

기의 개발로 이어진 역사의 아이러니는 어쩌면 금단을 추구한 인류에게 내려진 형벌이 아니었을까요?

그렇다면 겉으로 보기에 소금과 별다를 것 없어 보이는 질산칼륨이 어떻게 화약의 역할을 할 수 있었을까요? 화약은 문자 그대로 불과 만나면 폭발하는 물질입니다. 그렇다면 폭발이란 정확히 무엇일까요? 누구나 폭발이 무엇인지는 알지만 정확히 어

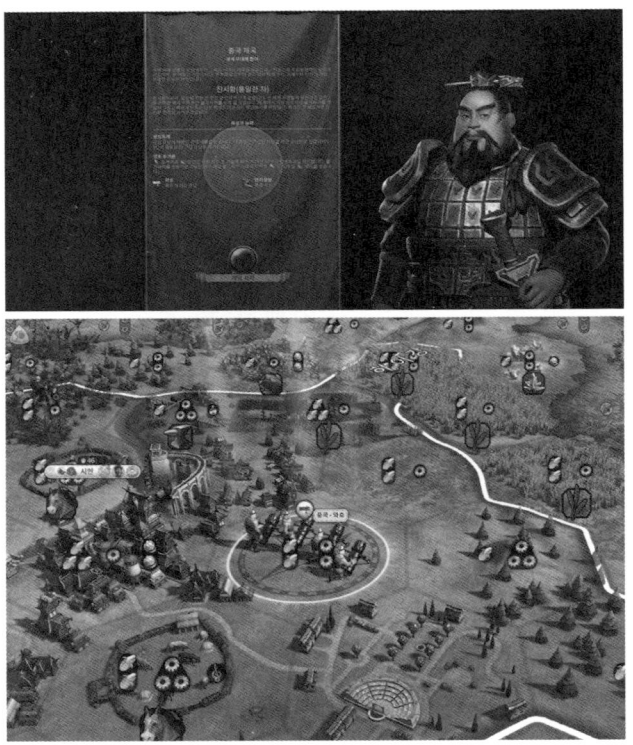

그림 6-2. 〈문명 6〉의 중국 문명 플레이 시작 화면(상)과 특수 유닛인 와호(하)

떤 현상을 폭발이라고 할 수 있는지 생각해 보면 선뜻 대답하기 어렵습니다. 화학적으로 설명할 때, 폭발의 핵심은 '제어되지 않은 반응'입니다. 대부분의 화학 반응은 시간이 갈수록 반응을 일으킬 수 있는 반응물이 줄어들기 때문에 속도도 저절로 줄어들지만, 폭발을 일으키는 화학 반응은 시간이 갈수록 속도가 더욱 빨라지게 됩니다. 캠프파이어를 하려고 나무 도막을 태울 때, 나무 도막들은 산소와 접촉할 수 있는 바깥쪽부터 타들어 가다가 더 이상 탈 것이 없으면 불길이 잦아들게 됩니다. 이처럼 보통의 연소 반응은 산소의 접근성에 따라 점진적으로 일어나기 때문에 주변 환경에 의해 쉽게 제어될 수 있습니다. 하지만 산소와 연료 둘 중 어느 한쪽이 갈수록 점점 더 많아진다면 제어하기 어려운 연소 반응, 즉 폭발이 일어날 수 있는 여지가 생깁니다.

    질산 칼륨 분자가 가지는 독특한 특징은 열이 가해졌을 때 질산 이온(NO_3^-)이 아질산 이온(NO_2^-)으로 변하면서 산소 분자 1개가 생성된다는 점입니다. 질산 칼륨 가루가 탄소 연료와 함께 섞여 있는 상황에서는 연료가 연소되며 발산된 열의 일부가 질산 이온을 아질산 이온으로 바꾸면서 산소를 내놓고, 이 산소는 연료를 내부에서부터 연소시키며 또 다시 열을 발생시키게 됩니다. 간단히 이야기해서 연료의 연소와 질산 칼륨의 산소 발생 반응이 서로를 촉진하는 '양$_{positive}$의 피드백'의 상황이 만들어지는 것이죠. 따라서 일반적인 연소 반응이 시간에 따라 위력이 일정하거나 서서히 약해진다면, 질산 칼륨이 포함된 혼합물의 연소 반응은 마치 적대적인 두 국가 간의 군비 경쟁처럼 시간이 지날수록 점점 위력이 강력해지고, 우리 눈에 폭발 현상으로 관찰될 수 있습니다.

그런데 질산 이온의 구조에서 질소 원자만 탄소 원자로 바꾸면 우리에게 더욱 익숙하고 폭발성이 전혀 없는 탄산 이온(CO_3^{2-})이 됩니다. 이 밖에도 우리의 일상에서 질산 이온처럼 비금속 원소와 여러 개의 산소를 가진 이온들을 쉽게 찾아볼 수 있지만,* 이들을 가열한다고 해서 산소 기체가 발생하는 일은 없습니다. 그렇다면 왜 하필 질산 이온만 가열되었을 때 산소 기체를 내놓을까요? 바로 질산 이온의 중심 원자인 질소가 가진 고유한 특징 때문입니다. 질소 원자는 상황에 따라 자기 입맛대로 3개 혹은 2개의 산소 원자들과 결합하여 각각 질산 이온 또는 아질산 이온이 될 수 있는데, 두 이온은 모두 -1의 전하를 가졌습니다. 그래서 질산 칼륨의 경우, +1의 전하를 가지는 칼륨 이온을 그대로 두고 질산 이온이 자유롭게 아질산 이온으로 변할 수 있기 때문에 산소 기체가 자유롭게 고체 구조로부터 빠져나올 수 있게 됩니다. 그에 반해, 탄산 이온의 중심 원자인 탄소는 항상 4개의 결합을 유지해야 하기 때문에 2개의 산소와만 결합하고 싶다면 -2의 전하를 포기하고 이산화 탄소가 되어야 합니다. 그래서 탄산 칼슘 덩어리를 가열하면 산소 기체가 발생하는 대신에 산화 칼슘CaO과 이산화탄소 기체를 관찰할 수 있습니다.

보유한 전자 수에 따라 각 원소가 다른 원소와 만들 수 있는

---

* 이러한 이온들을 산소 음이온oxyanion이라고 부른다.

$$2KNO_3(s) \xrightarrow{\text{가열}} 2KNO_2(s) + O_2(g)$$ 산소가 발생함

$$CaCO_3(s) \xrightarrow{\text{가열}} CaO(s) + CO_2(g)$$ 이산화 탄소가 발생함

그림 6-3. 질산 칼륨과 탄산 칼슘의 가열 반응식
(s)는 고체 상태를, (g)는 기체 상태를 의미한다.

화학 결합의 수를 총체적으로 결정하는 규칙을 '옥텟 규칙Octet rule'이라고 합니다. 질소와 탄소가 다른 점은 화학 결합에 사용할 수 있는 전자 1개 차이에 불과합니다. 하지만 전자 1개의 차이가 탄산 소다를 폭탄으로 변신시켰듯, 미세한 화학 구조의 차이가 화합물의 성질에 예측 불가능한 변화를 가져오는 경우는 비일비재합니다. 특히 질소는 탄소가 주성분인 유기 화합물이 특별한 화학적 성질을 나타내도록 해주는 감초와 같은 역할을 합니다. 자연에 존재하는 천연물들은 질소가 포함된 고리 모양의 화합물을 가지고 있는 경우가 많은데, 유기화학자들은 이들을 탄소 이외의 원자를 포함했다고 해서 '헤테로고리heterocyde' 화합물이라고 부르며 중요한 연구 분야로 여깁니다.

손 씻기라는 문명의 유산

고대부터 차곡차곡 쌓아 올린 문명이 산업 시대Industrial Era 즈음에 다다르면 위생sanitation 기술을 개발할 수 있게 됩니다. 위생은 의무병을 생산하거나 인구가 많은 도시를 유지하는 데 필요하며, 게임 후반부에 필수적인 기술 중 하나입니다. 재미있는 것은 이 위생이라는 기술이 그것을 달성하기 위한 수단보다는 그 자체로 새로운 하나의 개념으로 여겨진다는 점입니다. 쉽게 말해서 '깨끗하게 하는 기술'보다는 '깨끗해야 한다'라는 생각 자체가 인류 역사에서 중요한 발견이라는 이야기입니다. 위생의 당위성은 눈에 보이지 않을 정도로 작은 생명체, 즉 미생물의 존재와 이들이 비위생적인 환경에 살아남아 인류에게 여러 가지 질병을 일으킨다는 사실을 전제로 합니다. 수렵 채집의 시대에서 농경 사회를 거쳐 도시화를 이루면서 인류는 점점 좁은 공간에 모여 살게 되었고, 이는 미생물과 바이러스에게 최고의 서식 환경을 제공해 준 셈이 되었습니다. 감염병은 인류 문명과 함께 성장해 온 불청객이라고 할 수 있겠죠. 위생 관념에 익숙한 현대인이라면 누구나 몸이나 집을 깨끗이 해야 한다고 이야기할 때 무의식적으로 미생물, 바이러스로부터의 감염을 생각합니다.* 하지만 이러한 인식과 그 대응책이 등장한 것은 그리 오래되지 않았습니다.

---

* 박테리아는 혼자서도 살아갈 수 있는 생명체이지만, 바이러스는 숙주 세포를 감염시켜 자신의 복제품을 만들도록 강요해야만 스스로를 유지할 수 있는 생물과 무생물의 중간적 존재이다.

그림 6-4. 〈문명 6〉 플레이 중 위생 기술의 연구 완료 화면

이 변화의 가장 대표적인 계기는 바로 제1차 세계대전입니다. 독일군과 영국-프랑스 연합군이 싸웠던 서부전선에서는 지루하게 이어진 참호전이 펼쳐졌습니다. 상처 입은 병사들이 좁은 참호 안에 밀집하여 혹독한 환경 속에 방치되었고, 이들은 적의 공격도 모자라 참호열trench fever**을 비롯한 여러 가지 감염병에 시달려야 했습니다. 그뿐만 아니라, 운 좋게 제1차 세계대전에서 살아남은 전 세계의 병사들은 각자 자신들의 고향으로 귀환했는데, 이들과 함께 초대받지 못한 감염병이 전 세계로 퍼져 나갔습니다. 오늘날 스페인 독감으로 알려진 이 병으로 무려 5천만 명에서 1억 명의 인류가 목숨을 잃었습니다. 참호열과 스페인 독감은 각각 바르토넬라 퀸타나Bartonella quintana 라는 이름의 박테리아와 H1N1 타입의 인플루엔자 바이러스에 의해 옮겨지는 감염병입니다. 불행히도 제1차 세계대전은 인류가 당면한 감염병 문제를 수면 위에 드러내고 그 무서움을 효과

** 이 병은 심지어 오늘날까지 노숙자 등 당시와 유사한 생활 환경에서 살아가는 사람들 사이에서 유행하고 있다.

적으로 전파한 사례가 되고 말았죠.

제1차 세계대전보다 약 반 세기 먼저 활동했던 파스퇴르Louis Pasteur는 인류의 삶에 가장 큰 영향을 미친 과학자 중 한 명입니다. 과학자들의 연구 분야를 분류하기 위한 방법으로 '파스퇴르 사분면Pasteur's quadrant'이 종종 사용되곤 하는데, 이는 인류의 지식 증진과 삶의 질 향상을 기준으로 과학 연구의 성질을 분류하는 방법입니다. 이름에서 알 수 있듯이, 파스퇴르 사분면에서 파스퇴르가 했던 연구는 인류의 지식 증진과 삶의 질 향상이라는 두 마리 토끼를 다 잡은 훌륭한 예시로 여겨집니다.

종종 파스퇴르에 의해서 박테리아의 존재가 밝혀졌다는 오해를 하는 사람들이 있지만, 박테리아는 파스퇴르의 시대 이전에 이미 발견되었습니다. 파스퇴르가 활약했던 19세기 후반의 과학자들을 괴롭혔던 질문은 '박테리아가 존재하는가?'가 아니라 '박테리아가 정말 발효와 전염병의 원인인가?'와 '박테리아는 어떻게 생기는가?'였습니다.* 어렸을 적 유리병 속에 담아둔 사과 조각을 이용한 초파리 배양 실험을 해본 사람이라면 누구나 '이 초파리가 도대체 어디서 왔지?'라는 의문을 품어 보았을 것입니다. 이와 비슷한 의문이 당시 미생물학자들에게 만연해 있었습니다. 멀쩡히 보관된 것만 같던 음식물에서 갑자기 무수히 많은 미생물이 발생하여 부패하고 악취를 풍기는 것이, 당시로선 마치 미생물이 저절로 창조되는 것처럼 보였을 것입니다. 그러다 보니 박

---

* K. I. Mohr, "History of Antibiotics Research", *Curr. Top. Microbiol. Immunol.* 398 (2016): 237-272.

테리아는 무생물로부터 자연적으로 발생한다는 주장을 펼치는 이들도 생겨났습니다. 이런 자연발생설의 진위 여부는 단순히 미생물과 관련될 뿐 아니라 1장에서 이야기한 바 있는 생명의 기원과도 직결된 중요한 화두였습니다. 파스퇴르가 그의 이름을 널리 알리게 된 것은 '자연발생은 가능한 것인가?'라는 질문에 대해 '아니다'라고 명확한 답을 주었기 때문입니다. 파스퇴르는 어떻게 하면 박테리아를 멸균 처리sterilization할 수 있는지에 대해 연구했고, 한 번 멸균 처리가 된 액체 안에서는 외부 공기와 접촉하지 않는 한 절대 박테리아가 다시 생겨나지 않는다는 실험 결과를 통해 박테리아의 자연발생설을 완벽하게 반박했습니다. 이때 파스퇴르에 의해 연구된 우유 등 식료품의 저온 살균법은 당시 인류의 보건 문제를 직접적으로 해결할 수 있는 혁신이었고, 이에 따라 그가 발명한 저온 살균법은 '파스퇴리제이션pasteurization'이라는 영광스러운 이름을 가지게 되었습니다.

파스퇴르와 동료 과학자들에 의해 박테리아가 무엇이고 어떤 삶을 사는지에 대해 이전보다 더 명확히 알게 되었지만, 어떻게 하면 박테리아를 퇴치할 수 있는지는 또 다른 차원의 문제였습니다. 당시 수은Hg이나 비소As로 만든 살균제와 같이 박테리아를 죽이는 방법은 수도 없이 많았지만, 이들은 사람의 세포에게도 마찬가지로 해로웠기 때문입니다. 이 때문에 사람의 몸은 건드리지 않으면서 박테리아만을 죽일 수 있는, 소위 '특이성specificity'을 가지는 해결책이 절실했습니다. 이 문제는 1928년 푸른곰팡이Penicillium notatum를 연구하던 알렉산더 플레밍Alexander

Fleming에 의해 극적으로 풀리게 됩니다. 곰팡이를 연구하던 플레밍은 장기 출장으로 인해 오랜 시간 방치되어 박테리아에 오염된 샘플을 정리하던 중, 유독 자신이 연구하던 곰팡이 주변에서만 박테리아가 자라지 못했다는 것을 관찰하였습니다. 플레밍은 이 관찰을 통해 '특정 곰팡이가 박테리아를 죽이는 화학 물질을 만들어 낸다'는 가설을 세웠고, 이것이 역사적인 항생제 '페니실린Penicillin'의 탄생으로 이어집니다. 플레밍의 이 실험은 우연한 실패에서 위대한 과학적 발견이 이루어짐을 말할 때 자주 인용되는 유명한 일화입니다.

페니실린의 개발은 항생제 그 자체의 의미보다 더 중요한 것을 인류에게 남겼습니다. 인류가 할 수 없는 일을 곰팡이는 손쉽게 할 수 있다는 사실을 본 생화학자들이 자연의 힘을 실감하고 더욱 많은 것들을 자연에서 빌려 오고자 했기 때문입니다. 이제 인류는 중국 고전 속 '이이제이以夷制夷' 전략처럼 자연, 특히 미생물의 도움을 활용하여 미생물에 대항하는 신무기를 개발하기 시작했습니다. 페니실린의 발견 이후, 과학자들은 곰팡이뿐만 아니라 박테리아, 방선균Actinobacteria과 같은 미생물들도 항생 능력을 가진 화합물을 만들 수 있다는 사실을 알아냈습니다. 우리보다 하등한 생물이라 할지라도 그 속에 우리가 배우거나 빌려 올 것들이 가득하다는 인식은 생화학 연구의 패러다임 전환을 초래했습니다. 자연은 더 이상 단순한 생존의 장이 아니라, 인류가 해결하지 못한 문제들을 해결할 실마리를 제공하는 거대한 연구실이자 무기고가 된 것입니다.

오늘날 광유전학optogenetics이라 불리는 분야를 연구하는 신경생물학자들은 빛을 이용해 살아 있는 뇌에서 신경 세포의 활동 전위action potential을 조절할 수 있습니다. 2020년 노벨상을 받아 수많은 매체를 뒤덮었던 유전자 가위 '크리스퍼-캐스9 CRISPR-Cas9'을 다루는 연구자들은 세포의 DNA, 즉 세포의 '정체성'을 영구적으로 바꿔 버릴 수 있는 능력을 갖추었습니다. 그야말로 신의 권능에 필적하는 성취입니다. 하지만 생물학자들의 이와 같은 무시무시한 능력은 해조류의 광반응성 이온 채널과 박테리아의 원시적 면역 체계를 그대로 빌려 온 것에 지나지 않습니다. 좋은 예술가는 모방하고 위대한 예술가는 훔친다고 하는데,* 오늘날의 위대한 과학자들이야말로 훔치기의 달인이 된 셈입니다.

과학과 인류의 미래

〈문명〉 시리즈를 최고 난이도로 플레이하다 보면 다른 문명의 발전된 과학 기술의 힘에 정복당하곤 합니다. 상대의 발전된 군사 유닛에 내가 몇 시간 동안 애지중지 키우던 도시와 병력들이 무참히 짓밟힐 때 느끼는 상실감은 이루 말할 수 없죠. 고작 게임에서도 이런 기분을 느낄 수 있는데, 역사 속에서 사라져 간 문명의 구성원들이 느꼈을 비통함은 상상하기 어렵습니다. 더욱 중요한

---

* 피카소Picasso가 남긴 말이다.

것은 역사의 무대가 현재 진행형이라는 점입니다. 지구상에서 나름 존재감을 과시하고 있는 우리 문명이지만, 만약 발전을 게을리한다면 미래에 어떤 일이 닥칠지 알 수 없습니다.

문명의 발전이라는 큰 무대에서 과학이 해냈던 일들을 다루려면 책 한 권을 모두 할애해도 모자랄 것입니다. 하지만 질산 칼륨과 페니실린의 두 가지 케이스만을 잘 들여다봐도 우연과 모방이라는 과학 혁신의 두 가지 중요한 구성 요소가 보입니다. 경제 위기를 정확히 예측할 수 있는 경제학자가 없는 것처럼, 어떤 혁신이 언제 일어날지 정확히 알고 있는 과학자는 있을 수 없습니다. 그렇지만 수많은 과학자가 '우연히' 시행착오를 겪을 수 있는 기회, 그리고 전혀 다른 분야의 과학자들이 활발히 서로 '모방'할 수 있는 환경이 과학 혁신의 확률을 높여 준다는 것은 진리에 가깝습니다. 과학자들에게 우연과 모방의 토대를 쌓아 주는 것은 일종의 문화를 형성하는 일이기 때문에 단순하지 않고 오랜 시간이 걸릴 수밖에 없습니다. 하지만 문제는 그로부터 역행하기는 매우 쉽다는 것이죠. 이미 알려진 소수의 편협한 연구 분야에 모든 물적, 인적 자원이 쏠리도록 하면 됩니다. 이런 결정은 보통 투입된 자금이 근시일 내에 눈에 보이는 성과로 환원되어야 할 때 내려지고, 따라서 임기가 정해진 정부, 또는 비전문가들이 과학 기술 정책을 주도할수록 더욱 자주 나타나게 됩니다. 그리고 안타깝게도 우리나라에서 특히 이런 근시안적인 모습이 자주 나타납니다.

우리나라는 한국인 특유의 근면성실함을 무기로 빠른 모방

전략을 취해* 지금의 과학 기술 강국이 되었지만, 이런 식의 접근은 효율적으로 특정한 목적을 달성할 수 있는 대신 새로운 혁신이 창출될 수 있는 환경의 조성에는 부정적인 영향을 미쳤습니다. 이를 테면 원유를 가공하고 반도체를 생산하는 일을 더 빠르게, 더 싸게 해내는 방식으로는 더 이상 우리 등 뒤에 바싹 붙은 중국을 이겨 내기 어렵습니다. 따라서 지금처럼 뒤따라가는 전략으로는 더 이상 성장이 어려워진 상황을 타개하기 위해, 우리나라의 과학 기술 정책에 관한 심도 있는 고찰이 이루어져야 한다는 생각이 듭니다. 우리는 선택의 여지없이 '최고 난이도'로 역사를 만들어 나가야 하기 때문입니다.

---

* 여기에서의 모방은 서로 다른 분야에서 영감을 얻는 모방의 의미가 아니라, 앞선 기술을 그대로 모방하는 것을 뜻한다.

7장

폭발하는 픽셀, 폭발하는 세계
〈마인크래프트〉

컴퓨터 게임의 장르가 다양한 만큼 한 시대를 풍미하는 게임의 흐름은 계속해서 변해 왔습니다. 빠른 연산이 어려웠던 저사양의 구시대 컴퓨터로 게임을 하던 시절에는 간단한 표현으로도 많은 생각과 몰입이 가능했던 턴제 전략 시뮬레이션이 유행이었습니다. 그중 〈삼국지〉나 〈히어로즈 오브 마이트 앤 매직〉 시리즈는 컴퓨터 탄생 전 보드게임에 뿌리를 두고 시작되기도 합니다. 이후 실시간 전략 시뮬레이션은 조금 더 즉각적인 판단과 대응을 요구해 긴장을 배가했고, 그 외에도 로그라이크Rogue-like*나 격투, 퍼즐, 리듬, 레이싱 등 수많은 장르가 탄생해 인기를 끌었습니다. 이제는 주어진 롤의 수행과 경쟁, 팀워크가 모두 요구되는 실시간 전략/전술 공성 게임 장르인 AOS와 더불어 그와 정반대되는 개념으로 채집과 제작을 이용해 정해진 목표 없이 자유롭게

* 로그라이크는 무작위로 생성되는 던전과 영구적인 죽음이 특징인 게임 장르이다. 플레이어는 매번 새로운 환경에서 시작하고, 캐릭터가 죽으면 모든 진행 상황을 잃게 되어 다시 처음부터 새롭게 시작해야 한다.

무엇이든 하는 샌드박스 게임이 대세라고 할 수 있습니다.

게임기 속 모래 놀이터

샌드박스 게임은 자신만의 취향에 따른 자유로운 창조가 목적 아닌 목적인 장르입니다. 샌드박스는 어느 순간 생겨난 장르로 그 원형을 몇 가지로 이해할 수 있는데, 그중 하나는 도시를 설계하고 만들어 운영하는 전설적인 건설 경영 시뮬레이션 게임 〈심시티〉입니다. 〈심시티〉에서도 인구나 세금 등 몇 가지 목표가 주어지긴 하지만 그보다 중요한 것은 바로 플레이어의 창의성이 게임에 녹아드는 과정입니다. 이 게임은 폭넓고 자유로운 선택으로 진행되는데, 이는 〈야생의 숨결〉 같은 오픈월드 게임에서도 보이는 특징입니다. 오픈월드와 샌드박스는 자유도가 높다는 측면에서 유사합니다. 오픈월드를 간단하게 정의한다면 지역 간의 이동에만 제약이 없는 게임으로, 샌드박스는 여기에 추가로 목표 설정 등의 영역에서 더욱 높은 자유도가 부여된 형태라 할 수 있습니다.

샌드박스 게임의 정수라면 역시 〈마인크래프트Minecraft〉를 빼놓을 수 없습니다. 약간은 투박하지만 정감 가는 픽셀로 이루어진 월드와 캐릭터는 건축, 생산, 생존, 모험 등 무엇이든 원하는 방향으로 플레이할 수 있어 자신이 설정한 목표를 구현하는 데 활용됩니다. 주어진 광활한 필드에서 땅을 파고 나무를 베어 내며 재료를 얻고 그것으로 새로운 것들을 만들어 가는 과정은 그야말로 창조와 파괴입니다. 실제 인류 문명이 만들어지던 과정도 조금 더 큰 규모였을 뿐 이와 다를 바 없습니다. 결국 〈마인크래프트〉의 핵심은 '어디까지 부술 수 있을까?' 그리고 '어디까지 다시 만들 수 있을까?'의 줄다리기인 셈입니다. 이 게임은 어린아이들이 모래밭에서 쌓고 부수며 놀이했던 것과 같은 방식으로 구성되어 있기에 '샌드박스'라는 표현이 그 무엇보다 적절하게 느껴집니다. 어린 세대의 호기심과 흥미를 강렬하기 자극하며 학교와 교과서 바깥의 실험장이 되는 만큼, 〈마인크래프트〉 이전과 이후로 게임 세대가 나뉜다고 해도 과언이 아닙니다.

〈마인크래프트〉는 즐거운 게임을 통해 동기 부여를 하는 학습 도구로도 적극 사용되고 있습니다. 〈마인크래프트 에듀케이션 Minecraft Education〉이라는 교육용 모드에서는 원소를 생성하는 것부터 시작해 양성자와 중성자, 그리고 전자의 수를 조정해 주기율표의 모든 원소와 그 동위원소 isotope 까지 만들 수 있습니다. 이렇게 생성된 원소들은 또 다시 30여 가지의 분자를 조립하는 데 활용됩니다. 화합물들의 조합은 헬륨 풍선이나 발광 막대와 같은 아기자기한 특수 아이템을 제작하는 데 사용되기도 합니다. 하지만 가장 매력적이었던 것은 게임 속 블록이 어떤 원소로 이루어져 있는지 분해해서 관찰하고, 그 관찰을 토대로 세상의 구성을 체험할 수도 있다는 점입니다.

이렇게 직접적인 화학 학습의 도구가 아니어도 〈마인크래프트〉에서 우리는 많은 화학적 요소를 발견할 수 있습니다. 〈마인크래프트〉의 가장 큰 특징은 존재하는 모든 것이 정육면체의 블록 단위로 이루어져 있다는 것입니다. 나무나 돌, 금속은 물론이고 고여 있거나 흐르는 물과 들끓는 용암까지도 〈마인크래프트〉만의 특색 있는 주사위 모양의 블록으로 표현되며, 플레이어는 이 블록들을 수집하고 조합해 새로운 물질과 도구를 만들 수 있습니다. 이때 '조합'이라는 시스템은 게임에 더욱 생기를 불어넣습니다. 단순한 게임 장치나 제어 메커니즘이 아니라 이미 존재하는 물질이 특정한 규칙 아래 새로운 것으로 변화하는 과정, 즉 화학적 변화에 대한 메타포이기 때문입니다.

예를 들어, 나무나 석탄 등 연료를 투입해 가동한 용광로에 철 광석Iron Ore을 넣으면 우리가 금속을 상상할 때 흔히 떠올리는 직육면체 모양의 철 주괴Iron Ingot로 정련할 수 있습니다. 철 주괴는 다시 작은 철 조각Iron Nugget으로 분해할 수도 있고, 더 이상 사용되지 않는 폐철 장비를 철 조각으로 되돌릴 수도 있죠. 이 철 조각을 다시 뭉쳐 철 주괴로 되돌리거나 조금 더 커다란 물체로 변환하기 위해서는 가로세로 3칸으로 이루어진 제작대에 정해진 원리대로 물체를 배열하는 과정이 필요합니다. 9칸에 전부 철 조각들을 하나씩 채워 넣으면 다시 철 주괴가 튀어나옵니다. 이 철 주괴를 더욱 압축해 보관하고 싶다면 이번에는 제작대에 9개의 철 주괴를 넣어 철 블록으로 바꿀 수도 있죠. 몇 개 되지 않는 제작대의 공간은 넣어 주는 물질의 종류와 위치에 따라 다양한 결과로 이어집니다. 우리가 가지고 있는 기본적인 지식들을 바탕으로 얼마든지 결과물을 상상할 수 있습니다. 화학적 변환의 사례

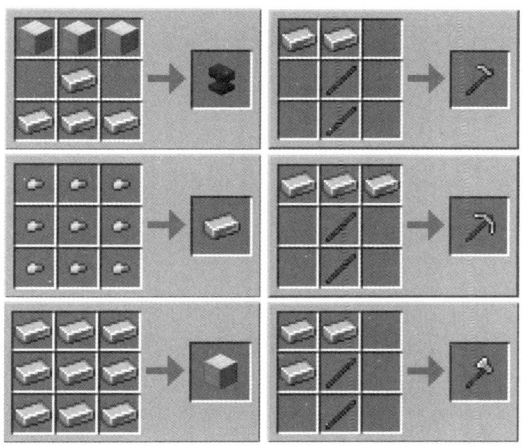

그림 7-1. 철을 활용한 조합법
간단하고 직관적인 조합은 마인크래프트의 매력이다

는 아니지만, 도끼나 곡괭이가 나무로 이루어진 몸체와 단단한 금속 머리로 구성되어 있듯 도구의 모양을 간략하게 픽셀화하여 조합기의 각 칸에 금속과 목재를 넣으면 그에 맞는 도구가 튀어나오는 것도 흥미롭습니다.

 물질의 변환 역시 자연의 구성을 교묘하게 활용해 설계되었습니다. 투명한 유리는 규소$_{Si}$와 산소로 이루어진 물질이며 모래와 구성 성분이 같습니다. 현실에서 유리는 모래를 뜨겁게 가열해 녹여 낸 후 식혀 만들어지는 것처럼, 〈마인크래프트〉에서도 모래를 구워 유리를 만들 수 있습니다. 아마도 최초의 유리 발견이 그러했듯, 용암 옆에 모래를 놓으면 천연 유리가 탄생하기도 합니다.* 이러한 화학 반응의 구현은 혼합되는 물질의 종류뿐만 아니라 물질을 넣어 주는 순서나 조건에 따라서도 다른 결과를 만들어 냅니다. 학교에서 실험 안전 수칙으로 배우듯 점성이 있고 매우 위험한 물질인 진한 황산H_2SO_4에 물을 넣으면 격렬한 반응을 일으키며 사방으로 터지지만, 반대로 물에 진한 황산을 넣으면 안전하게 희석할 수 있는 것과 같습니다. 용암은 지구 내부의 고온 환경과 지각의 운동에 의해 암석이 녹아 만들어지는 물질인 만큼, 용암에 물을 넣으면 돌 블록이 만들어집니다. 비슷한 원리로 용암 소스 블록에 물을 넣으면 지표에서 급격하게 식어 만들어지는 현무암Cobblestone이 생겨나죠. 그리고 물과 용암의 소스 블록을 혼합하면 또 다른 차원으로 이어지는 네더 포탈Nether Portal을 만들 때 중요한 자원인 흑요석Obsidian이 됩니다.

그리고 〈마인크래프트〉만의 독특한 재료이자 무한한 가능성을 지닌 물질도 있으니, 바로 레드스톤Redstone입니다. 레드스톤은 신호를 보내거나 동력을 공급할 수 있는 원천으로, 복잡한 회로나 기계 장치를 구현하는 데 사용됩니다. 슬라임 블록과 레드스톤 등을 이용해 움직이거나 비행하는 기계를 만들 수 있는데, 거대한 기계의 피스톤 운동이나 동작 제어에 사용되는 유압 실린더를 떠올린다면 이런 조합이 마냥 허황된 것도 아닙니다. 유압 실린더는 실린더 내부의 밀폐된 공간과 이곳을 채우고 있는 유체로 구성되어, 펌프가 유체를 밀어 넣을 때 발생하는 압력으로 힘

---

* 물이나 용암과 같은 유체와의 상호 작용을 추가한 'Fluid interactions' 모드를 추가해야 한다. 〈마인크래프트〉는 초기 버전을 넘어 유저들에 의해 자유롭게 새로운 기능들이 계속해서 추가된다.

을 전달하는 방식입니다. 점성 있는 유체가 연상되는 슬라임 블록은 유압유로 사용되며 레드스톤 회로로 피스톤을 작동시킬 수 있는 셈이죠. 이처럼 〈마인크래프트〉는 화학 반응과 물질의 조합에서 구성되는 복잡한 화학 공정과 구성을 가장 단순화된 형태로 담고 있습니다. 그리고 우리는 이를 통해 물질의 변환 가능성과 조합의 의미를 경험합니다.

수많은 제작과 창조도 매력적이지만, 사실 필자 J는 언제나 건설 경영 시뮬레이션 게임에서 '파괴'에 더 큰 재미를 느꼈습니다. 〈심시티〉나 〈롤러코스터 타이쿤Rollercoaster Tycoon〉에 빠져 있을 때도 힘들게 성장시킨 환경을 극단적으로 비틀거나 엉망진창으로 만드는 데서 왠지 모를 즐거움을 찾았습니다. 이처럼 변화의 가장 극적인 형태는 정밀하게 짜여 있는 상황을 가장 처음의 형태로 되돌리는 것입니다. 우주의 엔트로피가 높아지는 방향이 자연이 이끄는 절대적인 흐름이라는 것을 떠올린다면, 이런 식의 플레이 방법은 어쩌면 세계의 법칙에 순응하는 형태가 아닐까요.

화학에서 가장 강렬하고 궁극적인 파괴는 '폭발'로 연결됩니다. 지형을 바꾸고 유·무기물의 존재를 순식간에 지워 내며 또 새로운 환경을 만들기도 하는 폭발. 〈마인크래프트〉에서 플레이어가 공들여 만든 집과 구조물을 흔적도 없이 사라지게 하는 이 폭발은 가까이에서 보면 비극이고 멀리서는 희극인 반응입니다. 이러한 폭발의 성격을 가장 잘 보여 주는 존재가 바로 크리퍼 Creeper입니다. 스스로 폭발하는 이 적대적인 몬스터는 우리에게 자연과 습격에 대항하는 인류의 본질적인 긴장감을 불러일으키곤 합니다.

폭발하는 생명체

〈마인크래프트〉에는 좀비나 스켈레톤, 마녀를 비롯해 수많은 몬스터가 등장하지만 가장 상징적인 것은 역시 걸어 다니는 선인장처럼 보이며 다소 멍한 표정을 짓고 있는 크리퍼일 것입니다. 이들은 소리 없이 조용히 움직이다 플레이어가 일정 거리 안에 들어오면 '치이이잇' 하는 소리와 함께 순식간에 폭발해 플레이어에게 데미지를 입힐 뿐더러, 심지어는 특정 범위의 공간 자체를 초토화시켜 지워 버리기도 합니다.*

게임 설정에 따르면 크리퍼가 폭발하는 이유는 몸속에 화약을 담고 있기 때문입니다. 크리퍼를 잡았을 때 드롭되는 아이템 역시 화약입니다. 〈마인크래프트〉에서 여러 용도의 폭발에 필요한 화약은 원래 제조가 불가능한 물품이지만, 추가적인 모드를 통하면 이를 제조하는 것이 가능해집니다. 이때 화약을 만들어 내는 조합이 참 흥미롭습니다. 화약의 재료로는 빛을 만들 수 있는 광물인 글로우스톤Glowstone 과 석탄, 그리고 부싯돌이 사용됩

---

* 크리퍼는 원래 개발이 예정된 적 없던 우연의 산물이었다. 〈마인크래프트〉의 창시자 마르쿠스 페르손Markus Persson 은 개발 알파 단계에서 돼지를 만들고자 했으나 코딩 오류로 크리퍼가 만들어졌다. 게임 로고 속 알파벳 A가 크리퍼의 얼굴이기도 한 만큼 크리퍼는 〈마인크래프트〉의 가장 대표적인 몬스터라 할 수 있다.

그림 7-2. 크리퍼
크리퍼를 처음 만나는 사람은 예상치 못한 폭발에 당황하게 된다.

니다. 여기에서 글로우스톤은 앞서 살펴봤듯이 폭발을 일으키는 물질인 질산 칼륨을 연상시키며, 석탄 혹은 숯은 당연히 탄소로 이루어진 연료 역할을 하게 됩니다. 그리고 연소 온도를 낮추고 반응 속도를 높이는 황의 역할은 작게 가루 내어 넣은 부싯돌이 맡게 됩니다.

생명체와 폭발은 정확히 반대되는 개념으로 보입니다. 생명체의 최우선 목적은 생명의 유지와 지속, 그리고 다음 세대를 위한 번식일 텐데, 한순간에 모든 것을 불살라 생명을 파괴하는 폭발은 오히려 생명체가 피해야 할 격렬한 화학 반응입니다. 당연히 안정이 중요한 생명체의 구성에는 화약 등 폭발성 물질이 함유되어 있을 리도 없습니다. 이러한 상식 때문인지, 생각보다 여러 게임에 등장하곤 하는 폭발하는 적들 대부분은 생명을 잃은 좀비나 파괴만을 추구하도록 유전자가 변형된 생물, 혹은 전투에 투입되는 외계인 등의 설정을 가지고 있습니다.

모든 폭발의 기본 원리는 단순합니다. 굉음과 불꽃을 동반하지 않더라도 폭발은 일시에 세찬 기세로, 혹은 돌발적으로 벌어지게 됩니다. 감정의 폭발이라는 문학적 표현을 사용할 때도 이런 의미를 담고 있는 것이죠. 폭발이 파괴적인 작용으로 연상되는 것은 대부분 폭발물 안에 담겨 있는 물질들의 화학 반응이 주위 환경의 처참한 손상을 일으키기 때문입니다. 불안정한 물질을 연결하고 있는 화학 결합은 작은 자극에도 끊어질 수 있습니다. 팽팽하게 당겨진 고무줄은 끊어지면서 지니고 있던 에너지를 방출해 주위에 온갖 파괴적인 영향을 주죠. 이때의 에너지는 빛이나 열, 소리 등 여러 형태로 나타납니다. 화학 결합도 마찬가지의 방식으로 작동합니다. 폭발에서 발생하는 거대한 에너지가 만드는 결과가 밝은 빛과 화염, 그리고 찢어지는 듯한 소리가 되는 원리입니다.

재미있는 사실은 현실에도 크리퍼처럼 화학적으로 폭발하는 생명체가 존재한다는 것입니다. 조금만 더 몸체가 컸다면 지구의 지배자가 되었을 경이로운 외골격 생물인 곤충 중 폭발하는 생명체가 숨어 있습니다. 바로 온갖 전투 무기와 전략을 보유하고 있는 개미입니다. 개미의 대표적인 무기는 물리적으로 깨무는 집게 턱과 꽁무니에서 쏘아 내는 산성 물질입니다. 개미가 분출하는 포름산formic acid이라는 간단한 화학 물질은 식품에 함유된 구연산보다는 강하고 식초의 주성분인 아세트산보다는 약한 산성 물질입니다. 엄밀히 따지면 개미로 구분되는 생물은 아니지만, 흰개미의 일종인 네오카프리테르메스 타라쿠아Neocapritermes taracua는 매우 과학적인 동시에 공동체에 유익한 폭발 무기를 보유합니다. 마치 자폭 공격을 일삼는 몬스터처럼, 이 흰개미는 스스로의 몸을 폭발시켜 주위의 적을 몰살시키는 방식으로 다른 동료를 지킵니다.

자폭의 과학적인 표현은 오토타이시스autothysis입니다. 폭발은 물질이 일정 온도 이상으로 가열될 때 산소와 반응하거나 스스로 분해되어 갑작스러운 화학 변화를 일으키는 것으로 볼 수 있습니다. 이 흰개미는 폭발을 일으키기 위해 체내에서 두 가지 화학 물질을 합성하는 방식으로 진화했습니다. 인간이 섭취한 영양소를 이용해 호르몬을 합성해 분비하듯, 흰개미의 내분비샘에서는 폭발의 반응 물질로 사용될 퀴논quinone과 이를 산화시켜 화학 반응을 일으키는 효소인 BP76이라는 단백질을 생성합니다. 흰개미는 노화할수록 계속해서 많은 양의 화학 물질을 몸에 쌓아 보관하며, 적의 침입이 발견되면 노병들이 용감하게 돌격해 몸속에서 두 물질이 담긴 용기를 깨뜨려 폭발을 만들어 냅니다. 어찌 보면 잔인하긴 하지만 어린 세대들을 위해 자신의 몸을 바쳐 왕국을 지켜 내려는 베테랑들의 희생은 우리에게 자연의 경이로움과 군집 생물의 위대한 진화를 느끼게 합니다.

이외에도 화학 무기를 인간과 같은 방식으로 사용하는 생물은 의외로 다양합니다. 캄베를리니우스 하우리에넨시스Chamberlinius haulienensis라는 절지동물은 맹독인 청산가리(시안화 칼륨KCN)의 주성분이자 제2차 세계대전의 대학살 도구였던 시안화 수소HCN를 체내의 화학 반응을 통해 주위로 분사하는 화학전의 전문가입니다. 이런 것들을 고려할 때, 크리퍼가 몸속의 화약을 터뜨린다는 설정은 어쩌면 자연에서 가장 자연스러운 공격 방식 중 하나인 셈입니다.

인간은 힘을 추구한다

타오르는 불을 마주한 인간이 화학과의 동행을 시작한 후로 불은 요리와 생활, 정련과 제작을 위한 도구로 각광받습니다. 금속으로 벼려진 냉병기가 오랜 기간 다툼과 전쟁을 주관하긴 했지만, 대부분의 건축물과 함선이 목재로 이루어졌던 시기에는 이를 불태우기 위한 불화살이나 화염병 등도 유용하게 쓰여 왔죠. 불을 쏘아 내는 화염 방사기의 탄생은 보통 1916년 베르됭 전투에서 독일 제국이 프랑스군을 공격하는 순간이라고 하지만, 역사적으로는 이보다 2300여 년 앞선 기원전 420년 무렵 고대 그리스의 펠로폰네소스 전쟁에서 보이오티아 사람들이 사용한 화염 방사 전차라고 할 수 있습니다. 이후로도 인류 최초의 화학 반응인 연소를 활용한 무기는 계속해서 발전합니다. 마케도니아의 알렉산드로스 대왕은 연료와 광석, 황을 혼합해 강렬하게 타오르며 매캐한 독성 가스를 분사하는 투사 무기를 만들었고, 동로마 제국은 '그리스의 불'이라는 이름의, 물에 닿아도 꺼지지 않는 탐욕스러운 화염 무기를 통해 이슬람의 침공을 이겨 냈습니다. 〈워크래프트〉 시리즈를 배경으로 삼은 트레이딩 카드 게임(TCG)인 〈하스스톤Hearthstone〉* 속에서 리치 여왕 제이나Frost Lich Jaina는 이렇게 이야기합니다. "힘 자체를 두려워해선 안 되노라. 그 힘을 거머쥔 자를 두려워할지니."

칼을 비롯한 여러 무기부터 플라스틱과 같은 신소재, 그리고 친환경적 냉매로도 사용되지만 한편으론 온난화를 악화하는 이산화 탄소 등 모든 것은 장점과 반대급부의 위험성을 갖습니다. 폭발을 일으키는 화학 물질을 연구하고 찾아내는 것 역시 마찬가지입니다. 예기치 못한 사고를 일으키거나 누군가에 의해 악의적으로 사용될 가능성이 있을지라도, 폭발은 분명 우리의 삶에 유용하게 작용하기도 합니다.

폭발과 관련된 가장 유명한 과학자로는 다이너가이트를 발명한 스웨덴의 화학자이자 사업가인 알프레드 노벨Alfred Nobel을 빼놓을 수 없죠. 게임에 가장 자주 등장하는 폭탄 무기로 TNT와 다이너마이트가 있습니다. 종종 같은 것으로 오해받기도 하지만 이 둘은 약간의 화학 구조적 유사성을 제외한다면 완전히 다른 물질입니다. TNT는 트라이나이트로톨루엔Trinitrotoluene을 줄여서 부르는 용어로, 톨루엔이라는 고리형의 유기 물질에 3개(tri)의 질산(nitro) 작용기가 결합한 형태입니다. TNT의 첫 발견은 1861년 독일의 화학자 율리우스 빌브란트Julius Wilbrand에 의해 이루어졌

---

* '하스스톤'은 '벽난로의 돌'을 의미한다. 배경이 되는 게임인 〈워크래프트〉 시리즈에는 각 마을의 여관으로 순간이동을 시켜 주는 귀환석이 존재하며 이를 하스스톤이라 부르기에, 여관에서 벌어지는 카드 게임 컨셉을 은유하는 의미로 하스스톤이 타이틀로 선정되었다.

지만, 이 물질은 우리의 생각과 달리 폭발물치고는 안정성이 우수해 다른 목적으로만 오랜 시간 사용됩니다. 혹시라도 손에 강산성 물질인 질산을 쏟은 경험이 있는 과학자라면 알겠지만, 질산 물질들은 몸에 닿으면 단백질과 반응하거나 착색되어 피부를 노랗게 변화시킵니다. 이런 성질을 가진 TNT는 당연하게도 오랜 기간 섬유 등을 노랗게 변색시키는 염료로 사용되어 왔습니다.

반면 다이너마이트의 원료인 나이트로글리세린Nitroglycerin은 매우 불안정한 위험물이었습니다. 이번에도 이름에서 그 구조를 예상할 수 있는데, 보습 효과가 있어 화장품 등에도 흔히 사용되는 알코올인 글리세린에 질산 작용기가 결합해 만들어진 물질입니다. 이 두 가지 폭발물로부터 직감할 수 있듯 대부분의 폭발물은 질산 작용기라는 작은 조각들을 많이 포함할수록 더 강하고 위험한 폭발을 일으킵니다. 물이 높은 곳에서 낮은 곳으로 흐르는 것이 더 안정된 쪽으로 움직이려는 자연의 법칙인 것처럼, 불안정한 질산 작용기들은 열이나 스파크와 같은 자극이 가해지면 안정한 질소 기체나 이산화 탄소 등으로 분해되기 때문입니다.

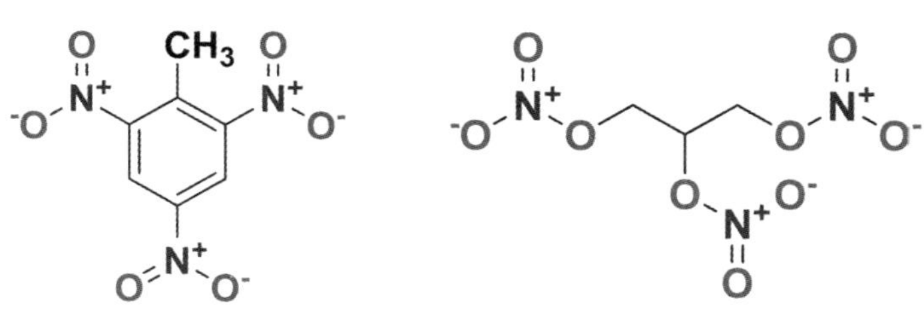

그림 7-3. TNT와 다이너마이트
TNT와 다이너마이트는 유사한 질산 구조로 이루어져 있다.

다이너마이트는 1867년 특허 취득과 함께 상업적 판매가 시작되었는데, 엄청난 폭발의 위력으로 사람들의 주목을 받았습니다. 노벨 이전에 나이트로글리세린을 처음 발견한 과학자도 일촉즉발의 이 위험하고 민감한 물질을 사용할 수는 없으리라 생각했으며, 나이트로글리세린을 취급하는 과정에서 노벨의 가족을 비롯해 수많은 사람들이 목숨을 잃었습니다. 하지만 폭발이 제어만 된다면 그 무엇보다 유용할 것을 직감한 노벨은 이 물질을 규조토에 흡수시켜 안전과 편리함 두 가지 목적을 한 번에 달성하였고, 결국 어마어마한 부를 거머쥐게 되죠. 그 이면에서는 죽음의 상인이라는 조롱이 뒤따르기도 했지만, 이를 씻어 내기 위해 대부분의 재산을 기부해 창설된 노벨 재단과 노벨상은 이후의 과학 발전에 큰 원동력이 되어 왔습니다.

노벨의 다이너마이트가 바꾼 역사의 흐름 중 하나로 현재 미국의 대표적인 도시인 뉴욕이 최대 무역항으로 발돋움한 사건을 예로 들 수 있습니다. 19세기 중반까지 뉴욕 이스트강 하구는 거대한 암초와 작은 섬들이 가득해 대형 선박의 사고와 침몰이 빈번했던 지역이었습니다. 지옥의 문이라는 의미로 붙여진 '헬게이트Hell Gate'라는 별명에서 이 지역의 자자했던 악명을 체감할 수 있습니다. 다이너마이트는 기존의 흑색화약보다 훨씬 강력하고 안전해 대규모 암반 폭파에 사용될 수 있었는데, 미 육군 공병대는 1885년 약 59톤의 다이너마이트를 설치해 헬게이트 지역의 가장 큰 암초인 플로드 록Flood rock을 흔적도 없이 날리는 데 성공합니다.* 이 폭발은 원자폭탄 이전까지 인간이 만들어 낸 가장 강력한 것이었으며, 이후 안전한 해상 무역이 가능해진 뉴욕은 지금과 같이 금융과 무역의 중심지로 부상합니다.

〈마인크래프트〉를 비롯한 게임의 세계는 단순히 간접적인 폭발의 피해를 체험하거나 가해자로서의 어떠한 감흥을 느끼기 위한 수단이 아닙니다. 모든 세계의 과학과 기술은 언제나 양날의 검이 될 수 있고, 그런 점에서 〈마인크래프트〉는 창작의 세계에만 머무르지 않고 물질의 제어와 해방을 동시에 다뤄 볼 수 있는 안전한 실험실이 되어 줍니다. 우리의 손에서 만들어지고 해체되는 물질들을 통해 언제나 창조와 파괴는 같은 손끝에서 일어난다는 사실을 알려주는 셈이죠.

더 빠르게, 더 강하게

인간은 어쨌든 끝없이 도전합니다. 동굴에서 움집을 거쳐 거주지를 만들어 낼 수 있게 된 후로 이제는 1000m 높이의 건물을 올리고 있으며, 숫자와 계산을 깨우친 덕분에 연필과 주판을 거쳐 진공관으로 이루어진 최초의 컴퓨터, 그리고 이제는 반도체와 양자 기술을 개발하는 데까지 이르고 있습니다. 더 빠르고, 더 효과적

---

* 플로드 록은 3.6헥타르, 바꿔 말해 약 1만 평($36,000m^2$) 규모의 거대한 암초 섬이었다. 제거를 위해 9년에 걸쳐 암반 내부에 광범위한 터널을 뚫고 폭약을 설치해야만 했으며, 76m 높이의 물기둥이 솟구칠 정도의 강력한 폭발이 뒤따랐다.

이며, 더 효율적이고, 더 아름다운 것을 향한 도전과 노력에는 끝이 없습니다. 당연히 폭발에 대해서도 마찬가지입니다. 채광이나 토목 공사 같은 건설적인 용도부터 파괴적인 전쟁 무기의 개발까지 거의 모든 분야에서 인간이 다룰 수 있는 가장 강력한 힘으로 연상되는 폭발에 대한 도전은 활발히 이루어졌습니다.

흔히 TNT가 폭발물의 기준처럼 생각되곤 하는데, 노벨의 다이너마이트는 간단한 화학 구조에 비해 TNT의 1.5배에 달하는 폭발력을 갖는 의외로 강력한 물질입니다. 질산 작용기를 넣으면 무엇이든 폭발물이 될 가능성이 커진다는 발견을 바탕으로 이후 여러 화학 물질의 개발이 이어졌습니다. 영화에서 단단하고 두꺼운 철문을 폭파하기 위해 자주 사용되는 부착형 플라스틱 폭탄의 핵심이자, 미사일을 비롯해 다양한 고폭발 무기에 사용되는 RDX* 역시 육각형 고리와 질산들로 이루어져 있습니다. 2024년 레바논과 시리아 전역에서 헤즈볼라가 사용하던 수천 개의 휴대용 무선 호출기가 동시에 폭발한 사건에 사용된 PETN** 은 다섯 개의 탄소로 이루어진 분자에 질산 작용기를 붙여 만들

---

* RDX는 영국의 군사 연구 기관 'Research Department of Woolwich'에서 부르던 이름인 'Research Department Explosive'에서 유래했다. 다른 이름으로는 미국에서 부르던 사이클로나이트Cyclonite나 독일의 헥소젠Hexogen이 있다.
** PETN은 'Pentaerythritol tetranitrate'의 줄임말로 4개의 질산 작용기가 펜타에리스리톨이라는 유기 물질에 결합한 형태를 뜻한다. 에리스리톨은 제과 제빵에서 달콤함을 내기 위한 감미료로 흔히 사용되는 물질인 만큼, 약간의 화학 반응을 일으키는 것만으로도 우리는 당분을 폭발물로 바꿀 수도 있다.

어집니다.

 구조를 더 복잡하고 짜릿하게 바꿔 보면, 점점 그림으로 그리기도 버거운 물질들이 출현합니다. 왠지 집과 비슷한 모양으로 서 있는 오각형 탄화 수소 고리 덩어리인 부르치테인wurtzitane에 여섯 개의 질산 조각들이 달라붙은 것을 CL-20이라 부릅니다. 이 물질은 TNT의 1.9배에 달하는 엄청난 위력을 가져 현재까지 개발된 비핵 폭발물 중 최강으로 알려져 있죠. 그러나 더 큰 힘을 향한 도전은 여전히 계속되고 있습니다. 주사위 모양의 탄소 물질인 큐베인cubane의 모든 탄소마다 질산 작용기가 연결된 ONC는 너무나 위험하고 불안정해 실제로 사용되진 않지만, 이론적으로 계산했을 때는 TNT의 2배 세기로 추정되고 있습니다.

 7장의 〈문명〉 시리즈 속 질산 칼륨에서부터 이제껏 살펴본 모든 폭발물에까지 전부 포함된 요소인 질소는 불안정한 형태로 많이 연결되어 있을수록 위험한 물질이 되는 듯싶습니다. 그렇다면 위력은 다소 포기하더라도 얼마나 불안정한 물질을 만들어 낼 수 있을까요? 다이너마이트를 실수로 땅에 떨어뜨리면 혹시나 폭발하지 않을까 마음 졸이는 것처럼 아주 작은 자극으로도 터져 버리는 물질 말입니다.

 단 2개의 탄소와 2개의 수소, 그리고 10개의 질소로 이루어진 1,1'-아조비스테트라졸Azobistetrazole이 있습니다. 화학을 공부했던 사람이라도 이러한 조합의 물질을 그려 보라고 하면 한동안 머리 위에 물음표를 띄울 수밖에 없습니다. 그만큼 상상하기 힘든 물질이기 때문이죠. 하지만 실제로 만들어지고야 만 이 물질은 거름종이에 내리는 사소한 작업으로도 폭발해 버려 실험실에서 사고를 일으킬 수 있습니다. 혹시 여기에서 질소를 더 많이 넣을 수도 있을까요? 물론 가능합니다. 이번에는 2개의 탄소와 14개의 질소만으로 이루어진 물질인 아지도아자이드 아자이드 Azidoazide azide라는 최악의 분자가 등장합니다. 우리가 손으로 건드리기만 해도 폭발하며 심지어 빛이 닿거나 약한 진동이 가해지기만 해도 문제가 발생합니다.* 더 놀라운 점은 유리 위에 가만히 올려 둬도 어느 순간 갑작스럽게 터져 버린다는 것입니다. 이 물질은 당연히 현재 우리의 기술로는 사용하기가 어렵습니다. 하지만 매우 위험한 물질인 다이너마이트를 실용적으로 개발한 노벨과 같이, 어느 순간 우리는 또다시 길을 찾아낼지도 모릅니다. 항상 그래 왔듯이 말입니다.

    사람들은 종종 폭발이라는 단어에서 공포보다는 쾌감을 느낍니다. 순간적으로 터져 나오는 소리와 빛, 물질이 산산조각 나는 장면, 무질서하게 흩어지는 파편 속의 질서. 불꽃놀이의 절정이나 시험관 속에서 거품처럼 피어오르는 반응들. 폭발은 '변화'라는 화학의 가장 극단적이고 화려한 형태입니다. 또한 폭발은 인간이 활용할 수 있는 가장 유용한 방식이기도 합니다. 인간에게 허락된 지구라는 공간을 넘어 머나먼 우주 너머로 나아가기

---

*   탄소가 전혀 포함되지 않은 물질들 중에서는 이보다 자극에 더 민감한 물질도 많다. 예를 들어 하나의 질소와 세 개의 아이오딘I으로 이루어진 삼아이오딘화 질소NI_3는 모기가 올라앉기만 해도 폭발을 일으키는 물질로 유명하다.

7장 폭발하는 픽셀, 폭발하는 세계 〈마인크래프트〉

위한 시도는, 강력하지만 느리고 지속적인 폭발이라고도 표현할 수 있을 로켓 추진제의 화학 반응 없이는 불가능합니다. 만약 깊은 바닷속을 탐사하다가 산소가 공급되지 못하는 상황이 발생한다면, 비상 산소 공급 장치 속에서 조용히 폭발하며 산소를 발생시키는 과산화물에 의존하는 수밖에 없습니다. 폭발의 유일한 문제는 잠깐의 즐거움이나 개인적인 연구로 접근하고 배우기에는 너무 위험성이 높다는 것인데, 〈마인크래프트〉와 같은 샌드박스 게임은 이러한 매혹을 게임이라는 언어로 번역하는 데 성공했습니다. 플레이어는 TNT를 만들고 점화 장치로 폭발을 유도하며, 심지어 자동화 장치로 폭발을 반복 재생산하면서 그 원리와 과정을 체험할 수 있죠. 이를 통해 우리는 자연스러운 게임 속 요소라고 치부할 수 있었던 크리퍼와 같은 몬스터의 폭발 원리를 통해 현실의 화약 구조를 더욱 자세히 알아봤습니다.

왜 어떤 물질은 불이 붙고 또 어떤 것은 폭발하는지 등 모든 화학 반응의 원리는 물질의 화학적 구조에 의해 결정됩니다. 구조가 기능을 만든다는 화학의 기본 개념은 연소뿐만이 아닌 모든 곳에 적용됩니다. 이제 우리의 다음 여정은 조금 더 다양하고 복합적인 화학 반응들, 그리고 〈스포어〉에서 만났던 생명의 탄생과 어쩌면 반대편에 존재한다고 할 수 있을 생명 반응에 대한 제어와 억제로 이어질 것입니다.

8장

가장 은밀한 무기, 독

〈브롤스타즈〉와 〈던전 앤 드래곤〉

사람마다 선호하는 게임 플레이 방식은 제각각입니다. '올공'이라는 표현처럼 모든 성장 포인트와 장비 세팅을 공격력에 집중해 공격이 최선의 방어라는 일념으로 들이박는 유리 대포 방식의 플레이나, 정반대로 방어력과 속성 저항, 받는 피해 감소 등의 옵션 위주로 설계된 탱커Tanker 그리고 민첩성과 무기 막기를 통한 회피 탱커도 가능합니다. 같은 공격 캐릭터이더라도 힘 위주의 육성으로 상당한 데미지를 지속적으로 넣는 형태와 달리 치명타와 스킬 운용으로 순간적으로 다량의 데미지를 욱여넣는 누커Nuker도 매력적이죠. 하지만 개인적으로 가장 유용하다고 생각하는 것은 화상, 감전, 빙결, 마비, 기절과 같은 상태 이상, 그리고 중독 스킬로 적의 체력을 서서히 깎아 내는 퍼센트 데미지 지속 딜러(도트 딜러)입니다. 그리고 이런 스킬에는 대부분 독이 작용합니다. 동물과 식물, 미생물과 광물을 가리지 않고 가장 오래전부터 은밀하게 사용되어 왔던 최고의 화학 무기 말입니다.

인체를 파괴하는 화학 물질

우리는 단순히 생명체에게 피해를 주는 화학 물질을 모두 '독'이라 표현하지만, 이 독은 목적과 유입 경로에 따라 구체적으로는 두 가지, 즉 포이즌poison과 베놈venom으로 구분되곤 합니다. 정확히는 독의 원인이자 생명체에 유해성을 보이는 외부 물질을 독소toxin라고 하는데, 이 독소가 형성된 목적과 대상에게 전달되는 방식에 따라 정의됩니다. 예를 들어 독사나 독거미와 같이 깨물거나 찔러서 상대의 체내에 공격 목적으로 독소를 주입하는 경우가 베놈에 해당하며, 독버섯이나 독초 등 공격 의도가 없이 자신을 방어하려는 수단으로 준비되었으나 생명체에게 섭취되어 어쩔 수 없이 독소를 전달하는 경우가 포이즌입니다. 포이즌은 '마시다potio'라는 일상적인 행위를 나타내는 라틴어에서 유래한 단어인 만큼 아마 우리에게 조금 더 친숙할 듯합니다.* 우리가 먹거나 마실 수 없는 식재료는 없지만 어떤 버섯이나 물고기, 음료 등은 평생 단 한 번만 섭취할 수 있다는 말처럼, 생존을 위해 음식물을 섭취해야만 하는 생명체의 입장에서 독은 불가피한 함정일 수밖에 없었을 겁니다. 아무튼 방식에 따라 이렇게 용어는 구분되었지만 국문으로는 단순히 '독'으로 불리는 만큼, 지금부터는 이와 관련된 모든 물질을 독이라는 용어로 통일하여 설명하려고 합니다.

---

* 베놈이 '독' 자체를 의미하는 라틴어 'venenum'에서 유래한 만큼, 과거에는 독의 상징으로 독사나 독충을 떠올리는 것이 더욱 익숙했을지도 모른다.

독을 활용하는 게임은 하나하나 나열할 수 없을 정도로 수없이 많습니다. 대표적으로는 플레이어가 독을 직접 투척하거나 무기에 바르고, 또는 마법을 시전하여 중독을 일으키는 등 독을 직접적인 공격 수단으로 사용하는 경우가 있겠죠. 게임 난이도와 작업의 복잡성을 높이기 위해 독을 지닌 몬스터나 은밀하게 숨겨진 온갖 함정, 수상한 연못과 안개와 같이 독이 포함된 지형지물이 활용되는 경우도 있습니다. 그 방식이 어떻든 간에 독이 생명체에 닿거나 유입되는 순간부터 문제는 시작됩니다.

슈퍼셀Supercell이 만든 캐주얼 팀 슈팅 게임 〈브롤스타즈Brawl Stars〉는 필자 J가 자녀와 함께 꽤나 오랫동안 플레이했던 게임이었고, 어느새 젊은 아들보다 게임 피지컬이 떨어지게 된 자신을 느끼며 세월의 야속함을 처음으로 한탄하게 한 게임이기도 합니다. 〈브롤스타즈〉는 비교적 짧은 게임 시간으로 이루어져 전투의 호흡이 빠르고, 다양한 캐릭터의 능력을 활용하고 조합하는 것이 가장 큰 특징입니다. 그중에서도 개인적으로 가장 흥미롭던 것은 크로우Crow라는 까마귀 모습의 전설급 브롤러(캐릭터)였죠. 조류 컨셉 캐릭터인 만큼 몇몇 스킨 모드에서 단검 대신 깃털을 흩뿌리는 공격 모션이 등장하는 것은 어찌 보면 당연한데, 특이하게도 그 깃털은 독침처럼 날아가 적에게 일정 시간 동안 지속 피해를 입히는 중독 상태를 부여합니다. 꽤나 비싼 불사조 스킨을 구매하면 화염 공격으로 바뀌어 어느 정도 납득이 간다지만, '까마귀가 웬 독 공격이란 말인가' 하고 잠시 생각하기도 했습니다.

그러다 기억 속에서 깃털에 독을 갖는 새들이 있다는 사실이

그림 8-1. 〈브롤스타즈〉의 크로우
크로우는 독을 사용한 공격으로 적에게 지속 피해를 입힌다. 허리에 찬 독 병이 눈에 띈다.

떠올랐습니다. 중국 고문헌에 등장하는 짐(鴆)이라는 남방 광둥성의 전설의 새 이야기가 있습니다. 몸에 맹독이 있어 하늘을 날아가면 그 아래의 풀이 말라 죽는다는 다소 허황된 이야기부터, 한고조 유방의 아내인 여후는 술에 짐의 깃털을 담가 독주를 만들어 암살에 사용했다는 기록까지 다양합니다. 오늘날 찾아볼 수 없다고 해서 이 짐을 절대 있을 수 없는 생물로 치부할 수도 없습니다. 파푸아뉴기니에 사는 두건피토휘Hooded Pitohui는 바트라코톡신Batrachotoxin이라는 강력한 신경독을 깃털과 피부, 뼈, 내장 모두에 가지고 있어, 접촉한 대상에게 저림과 통증, 마비를 유발합니다. 또 다른 새인 파란모자이프리트Blue-capped Ifrit도 동일한 독을 몸에 보유하고 있으며, 두 새 모두 독이 있는 딱정벌레를 먹어 몸에 독을 축적한다는 사실이 과학적으로 밝혀졌습니다.[*] 물론 크로우의 독은 이런 독조들이 지닌 독처럼 순간적으로 복구 불가능한 피해를 입히는 강력한 신경독 또는 혈액독보다는 전신에 서서히 작용하는 지속성 독소에 더 가까워 보입니다. 즉각적인 치명상을 입히지 않는 독이라 하더라도 해독이 지연되면 중독된 사람은 점차 죽음에 다가서겠지만 말입니다.

　게임의 종류가 다양한 만큼, 그 안에 등장하는 독의 종류도 마찬가지입니다. 예를 들어 〈리그 오브 레전드〉로 유명한 라이엇 게임즈Riot Games가 개발한 전술 기반 1인칭 슈팅 게임(FPS)인 〈발로란트Valorant〉에는 독의 정체성을 전면적으로 표현한 바이퍼Viper라는 캐릭터가 등장합니다. 우선 바이퍼는 미국 출신 화학자라는 설정부터 전문성에 대한 강한 신뢰가 갑니다. 바이퍼는 부식성 화학 물질을 바닥에 뿌려 적의 위치를 제한하거나 염소 가스Cl_2나 포스진Phosgene, $COCl_2$처럼 질식성 가스를 통해 시야를 차단한 채 가스의 독성으로 적을 공격합니다.

　가장 다채롭게 독을 사용하는 방식은 1974년부터 시작된 역사 깊은 RPG 시스템인 〈던전 앤 드래곤(D&D)Dungeons&Dragons〉 시리즈에서 등장합니다. 특히 〈D&D〉 5판의 공식 규칙에 기반한 〈발더스 게이트 3 Baldur's Gate 3〉가 대표적입니다.** 보통 중독

---

* 　지구상에 서식하는 척추동물 중 스스로 바트라코톡신과 같은 알칼로이드 독소를 합성할 수 있는 것은 호주에 서식하는 거북개구리Myobatrachidae과의 프세우도프리네Pseudophryne 속 하나만이 알려져 있다. 그 외 모든 척추동물은 미생물과의 공생 혹은 독충 등의 먹이로부터 독을 분리, 농축한다.
** 〈발더스 게이트 1〉(1998)과 〈발더스 게이트 2〉(2000)의 경우에는 비교적 오래된 〈D&D〉 2판의 룰을 기준으로 만들어졌다. 당시 룰북이 방대하고 복잡했기에 게임에서는 단순화와 자동화를 위한 UI가 많이 요구되었다.

그림 8-2. 〈발더스 게이트 3〉의 독
좌측부터 크롤러 점액Crawler mucus, 퍼플 웜 독Purple worm toxin,
뱀독Serpent fang toxin, 깃털 낙하 물약Potion of feather fall, 드로우 독약Drow poison이다.
다만, 깃털 낙하 물약은 독약이 아니다.

시 나타나는 다양한 증상은 흡사 병에 걸린 것처럼 인식되곤 합니다. 만성 중독을 일으키지만 맛과 향이 없어 중세 독살에 흔히 사용되던 원소인 비소나 위험성을 인식하지 못한 채 물감과 생활용품 등에 사용되어 수많은 위인들을 고통 속에 죽어 가도록 만들었던 납과 같은 중금속을 예시로 들 수 있죠. 〈D&D〉에서는 섭취를 통해 중독 증상을 유발하는 이러한 독의 종류를 질병형 독Disease-like poison 계열로 표현합니다.

　그중에서도 캐리온 크롤러Carrion Crawler의 점액과 같은 독은 신경과 근육 기능에 이상이 발생하는 마비 증상을 일으킵니다. 실제로 전쟁에서 사용되던 화학 무기인 사린SARIN 가스*와 같은 유기인organophosphate계 신경 독소들은 신경의 흥분 상태를 유지시켜 근육 경련과 마비를 유발하며, 가장 유명한 독 중 하나인 복어의 테트로도톡신Tetrodotoxin 역시 신경 세포의 나트륨 채널을 차단해 움직임과 호흡에 필수적인 근육들에 이상을 일으킴으로써 중독자가 사망에 이르도록 합니다. 지구상에서 가장 강력한 독이라는 보툴리눔 독소Botulinum toxin 역시 신경 전달 물질의 방출을 막아 마비를 일으키는데, 이 기능을 매우 적절한 수준으로 활용한 것이 미용 용품인 보톡스Botox입니다. 보톡스는 마비를 긍정적으로 활용해 피부의 주름을 펴는 용도로 사용되곤 합니다.

결국 근육의 움직임은 뇌로부터의 명령이 신경을 타고 전파된 결과입니다. 반대로 눈과 코, 피부 등 온몸으로 입력받은 주위 환경의 정보 역시 신경을 통해 뇌로 이동하게 되죠. 인간뿐만이 아니라 동물에게도 신경계의 역할은 중요합니다. 전자기기로 본다면 신경계는 정보가 전달되는 회로에 대응할 수 있습니다. 작은 회로라도 끊기거나 막히면 컴퓨터의 기능에 광범위한 문제가 발생하듯, 신경에 작용하는 독소는 동물에게 가장 치명적입니다.

그리고 전자기기에는 회로 외에도 또 다른 중요한 구성 요소가 있습니다. 바로 회로에 전류를 공급하는 전선입니다. 인간의 몸에서는 혈관이 그 역할을 맡고 있습니다. 전선이 끊어지면 어떠한 작동도 불가능해지는 것처럼 혈관에 작용하는 독도 심각한

---

* 사린SARIN 가스는 발명자들의 이름으로부터 지어진 명칭으로 게르하르트 슈라더Gerhard Schrader, 오토 암브로스Otto Ambros, 게르하르트 리터Gerhard Ritter, 한스-유르겐 폰 데어 린데Hans-Jürgen von der Linde로부터 유래했다.

문제를 일으킵니다. 주로 뱀의 독 중에 혈액독이 많은데, 혈액 속 적혈구들을 엉겨 붙게 만들어 젤리처럼 피를 굳게 만들거나 혈관을 수축 혹은 이완시키기도 합니다. 〈D&D〉에서는 섭취하면 혈액을 타고 퍼져 체력과 컨디션을 악화시키는 암살자의 피Assassin's blood나 혈액을 불타오르게 해 지속 피해를 주는 화혈독Blood Fire을 떠올릴 수 있습니다. 그 외에도 실명을 유발하는 감각독인 맬리스Malice도 등장하는데, 만약 실제로 존재하는 화학 물질 중 이것과 가장 유사한 것을 꼽는다면 메탄올Methanol을 떠올릴 수 있습니다.*

독의 종류와 기능은 다양합니다. 자연 속에서도 독은 온갖 형태로 중독 증상을 유발하며 다양한 방식으로 활용되어 우리가 상상할 수 있는 모든 증상을 구현할 수 있습니다. 물론 게임이나 소설에는 허구적인 세계관의 특징을 반영한 창의적인 독이 등장하기도 합니다. 무협지 속 내공을 흩트리는 산공독이나 마법사의 마나가 굳어 흐르지 못하게 하는 마나독 등의 설정이죠. 그러나 실존하는 모든 독은 결국 화학으로 설명할 수 있습니다. 인체 기능을 조절하는 분자와 수용체receptor 간의 결합을 방해하거나 더 강렬히 자극하면, 우리 몸은 기어가 빠져 버린 자동차 혹은 브레이크가 고장 난 트럭처럼 오작동을 시작합니다.

---

* 메탄올은 체내에 유입되면 알코올 탈수소효소ADH와 알데하이드 탈수소효소ALDH의 작용으로 독성 화합물인 포름알데하이드와 포름산을 형성한다. 특히 포름산은 시신경과 망막에 축적되어 시신경 세포 손상을 일으켜 시력 상실을 유발한다.

인류의 역사에는 언제나 독이 함께했기 때문일까요. 때로 우리는 독을 지극히 익숙한 것으로 생각합니다. 물론 목숨이 좌우될 수 있는 현실에서 독은 공포 그 자체지만, 인공적으로 만들어져 안전한 가상의 공간 속에서는 그저 조금 번거로운 해프닝 정도입니다. 해독제를 보유하고 있다면 바로 해결할 수 있는 간단한 상태 이상에 불과하죠. 하지만 독을 무기로 사용할 수 있게 되는 순간, 이 독은 플레이어의 권능과도 같이 거대한 적을 해치우는 데 아주 편리한 도구가 됩니다. 디지털 익스트림즈Digital Extremes에서 개발 및 운영하고 있는 3인칭 슈팅 게임(TPS)인 〈워프레임Warframe〉에서는 무기 개조 시스템을 통해 무기에 독성 효과 또는 독성과 다른 속성을 조합한 효과를 부여하는 것이 가능합니다. 독성을 전기와 결합하면 부식, 화염과 결합하면 가스, 그리고 냉기와 결합하면 바이러스가 되니 이를 상대의 특성에 맞게 조합하면 됩니다. 현실에서는 이처럼 다양한 화학 물질을 조합해 맹독을 만들어내는 독제사毒劑師를 찾아보기 어렵지만, 이와 비슷한 방식으로 약재를 다뤄 치료제를 만들어 내는 약제사는 13세기 이후 서서히 발전해 지금의 약사가 되었죠. 결과가 정반대이긴 하지만 결국 목적에 맞는 화학 성분의 조합이라는 기본 원리는 같은 셈이니, 사실상 약과 독은 같다는 이야기에 더 큰 관심이 가게 됩니다.

독은 독으로 제압한다

독이란 신체의 빈틈을 비집고 들어오는 작은 재난입니다. 우리가 모르는 사이 경고도 없이 안개처럼 스며들어 뇌를 흐리게 하고, 심장을 조이고, 근육을 마비시킵니다. 독으로 인한 희생을 멈추기 위해 우리는 수천 년 동안 각종 독의 작용 방식을 분석해 왔고, 그 결과 해독제antidote라는 방어책을 만들어 냈습니다.

아이러니하게도 대부분의 해독제는 독처럼 기능하는 것에서부터 시작됩니다. 독이 인체의 수용체에 들러붙어 정상적인 기능을 방해하듯, 해독제 역시 같은 수용체에 독소보다 먼저 자리 잡거나, 혹은 이미 수용체와 결합된 독소를 몰아내기 위한 화학적 교란자로 작동하기도 합니다. 마치 하나의 좌석을 차지하려고 다양한 방식으로 싸우는 것과 같은데, 그 싸움의 결과가 생존과 사망을 가르게 되는 것입니다. 그 대표적인 예시가 바로 마약입니다. 역사에서 언제나 큰 사회적 문제로 여겨지는 모르핀과 헤로인을 비롯한 아편 유래 오피오이드계 화합물은 뇌와 신경의 특정 수용체에 결합하며 극심한 통증을 차단하는 작용을 합니다. 이런 긍정적인 역할만 가진다면 좋겠지만, 아편류의 대표적인 특징인 의존성을 유발하고 과용할 경우에는 호흡 중추 억제로 사망을 일으키기도 하죠. 아편류가 널리 퍼지면서 자연스레 이를 해독할 수 있는 물질에 대한 탐색이 이어졌습니다. 그리고 그 해답은 모르핀과 구분하기 어려울 만큼 비슷한 화학 구조로 이루어진 물질 날록손Naloxone이었습니다. 같은 자물쇠에 들어맞지만 문을 열지는 못하는 교묘한 가짜 열쇠로 진짜 열쇠와의 결합을 차단하고 보안을 유지하는 셈입니다. 마약을 예시로 들어 어쩌면 섬뜩하다고 느껴질 수도 있으나, 아주 일상적인 상황에서도 이와 동일한 원리를 찾아볼 수 있습니다. 바로 커피에 들어 있는 카페인 Caffeine입니다.

    우리는 일을 하거나 공부를 하거나, 혹은 늦게까지 휴식 아닌 휴식을 즐기기 위해 깨어 있을 목적 등으로 카페인 음료를 마시곤 합니다. 피로를 느낀다는 것은 사실 뇌가 화학 물질을 인식한 결과입니다. 아데노신이라는 고리형 화학 분자는 하루 동안의 활동이 이어지면서 점점 체내에 증가하게 되는데, 뇌의 아데노신 수용체와 결합하여 피로를 느끼게 하고 수면을 유도합니다. 이 아데노신과 비슷한 구조를 갖는 물질이 카페인입니다. 수용체에 대신 결합해 아데노신의 접근을 차단하지만 피로를 유발하지는 않기에 잠이 오지 않는 것이죠. 그런데 이번에는 독과 해독의 경계가 모호합니다. 커피나 초콜릿, 콜라 등 카페인이 함유된 식품이 다양하게 우리의 일상에 침투해 있는 만큼 우리는 카페인을 단순히 잠과 피로를 이겨 내기 위해 투여되는 유용한 식용 성분으로 생각하지만, 사실 카페인은 식물이 자신을 보호하기 위해 만들어 내는 독소입니다. 반대로 아데노신은 피로의 원인인 것처럼 보여도 인간이 적절한 휴식과 수면의 타이밍을 찾기 위해 체내에서 만들어 내는 안전한 신호 물질이죠. 신체의 정상적인 작용을 오히려 독소로 지워 내니, 이런 경우에는 독과 해독제의 관계가 목적에 따라 언제든 뒤바뀔 수 있습니다.

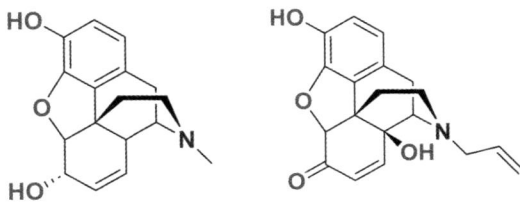

그림 8-3. 매우 유사한 모르핀(좌)과 날록손(우)의 구조

매콤한 음식에 사용되는 캡사이신capsaicin이나 담배에 함유된 니코틴nicotine도 원래는 식물이 동물에게 먹히는 것을 피하기 위해 만들어 낸 독소입니다. 이런 걸 보면 인간은 독마저 기호에 따라 자유롭게 몸에 투여하고 있는 것이죠. 화학과 약학, 그리고 독성학toxicology 분야를 관통하는 가장 유명한 명언인 '모든 것은 독이며, 단지 양의 차이가 독과 약을 결정한다'라는 파라켈수스Paracelsus의 이야기가 매우 정확합니다.

독은 이런 예시들처럼 동물과 식물에게 함유된 것만 있지는 않습니다. 납이나 수은, 비소와 카드뮴Cd 등 인체에 심각한 문제를 유발하는 중금속 원소는 어떻게 해독해야 할까요? 이들은 그 자체로 하나의 원소인 만큼 비슷한 구조의 다른 물질이나 같은 수용체에 경쟁적으로 결합하는 새로운 대상을 찾아내기가 쉽지 않습니다. 특히 수은이나 카드뮴이 문제를 일으키는 원인 자체가 정상적인 인체 반응을 위해 사용되는 아연 대신 더욱 강력하게 자리를 차지하는 것이기 때문에, 이들보다 더 강한 결합력을 갖는 물질은 결국 또 다른 문제를 유발할 수도 있습니다. 이런 경우엔 우리가 기대하는 해독제의 전형적인 역할처럼 독성 금속 원자들을 잡아 배출시킬 수 있는 화학 물질을 투입하게 됩니다. '킬레이트Chelate'라는 물질은 동시에 여러 방향에서 중금속을 잡아내 무력화시킵니다. 단단히 박혀 있는 공을 빼낼 때 각대기를 사용해 한 방향으로 밀어내는 것보다, 악어가 위아래의 강력한 턱으로 먹잇감을 단단히 물듯 공을 잡아 꺼내는 것이 효과적일 수밖에 없습니다. 킬레이트는 이와 같은 방식으로 중금속을 감싸 해독합니다.

화학적 작용이 아닌 물리적인 방식으로 독을 제거하는 경우도 많습니다. 독이 체내에 흡수되는 것 자체를 차단 혹은 저해하는 것도 효과적이며, 위장관 내부에서 독성 물질을 흡착해 배출시키는 것도 좋은 전략입니다. 여기에 사용되는 만능 해독제는 의외로 흔한 물질인데, 바로 활성탄charcoal입니다. 활성탄은 탄소 그 자체이기에 혹시 석탄 가루나 그을음과 다를 바가 없지 않을까 생각할 수 있습니다. 그러나 활성탄은 목재나 야자 껍질 등 다양한 식물성 재료를 산소가 없는 고온 환경에서 탄화시킨 후, 물리적 또는 화학적 처리를 통해 내부에 작은 공간이 형성되는 '활성화'라는 추가적인 공정을 통해 미세한 공기구멍을 잔뜩 만들어 둔 형태입니다. 수많은 기공이 존재해 표면적이 넓으니 유해 물질 등을 잡아 가두는 데 효과적이죠. 반면 석탄 가루는 단순히 분말화된 석탄으로 흡착력이나 표면적이 활성탄에 비해 떨어지며, 그을음은 수 마이크로미터 크기의 비정질 탄소여서 오염 물질을 제거하기는커녕 그 자체로 발암 물질 및 대기 오염의 원인이 됩니다.

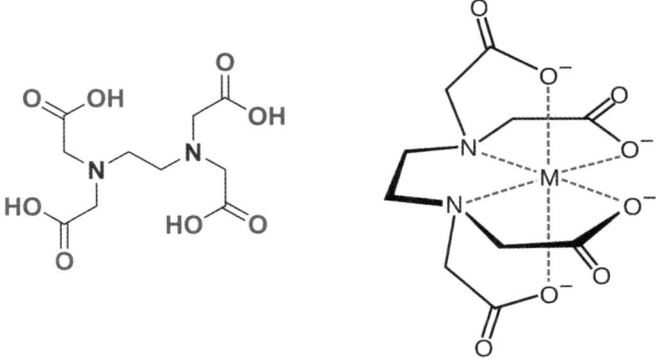

그림 8-4. 중금속을 무력화시키는 대표적인 킬레이트 EDTA
EDTA의 구조(좌)와 EDTA가 금속과 결합한 모습(우)이다. 우측 그림에서
중앙의 M은 금속을 의미한다.

또는 일종의 화학적 중화 반응을 통해 독이나 중독 증상을 완화하기도 합니다. 과다한 위산이 분비되어 속이 쓰릴 때 이를 중화하기 위해 투입되는 수산화 마그네슘 등의 알칼리성 물질로 이루어진 제산제를 예로 들 수 있습니다. 그 외에도 이름만 들으면 위험한 중금속 원소일 듯싶지만 의외로 안전한 중금속 비스무트$_{Bi}$로 이루어진 의문스러운 분홍색의 약품인 펩토비스몰$_{Pepto-Bismol}$은 위장관 내에서 세균의 성장을 늦추고 독소 억제 작용을 보입니다.

게임 속에 등장하는 대부분의 해독 아이템은 아마도 활성탄 혹은 중화제일 겁니다. 중독 초기라면 작용이 시작되기 전 독을 빠르게 몰아내는 방법이 유용하기에 활성탄을 들이마시는 것이 좋고, 여러 몬스터가 산성 공격을 일삼는 것을 고려한다면 중화제를 사용하는 것도 가능하겠습니다. 다르게 생각해 보면 전문적인 의사 혹은 약사가 아닌 전투 직종의 캐릭터들이 독의 종류를 분간하고 전투 중 적절한 해독제의 양을 계산해 내 올바른 방법으로 자체 처방하는 것은 불가능할 테니, 어쩌면 모든 상처에 빨간약을 바르는 것처럼 일단 활성탄을 마시고 보는 것이 아닐까요?

독은 독으로 제압한다는 뜻의 '이독제독以毒制毒'은 단순히 두 가지 종류의 독을 섞어 사용하자는 의미와는 거리가 멉니다. 이와 비슷한 뜻을 가진 말들을 여럿 고려해 볼 수 있는데, 가장 직접적으로 표현한 말로는 내 적의 적은 친구와 같다는 '오월동주吳越同舟'가 있습니다. 결국 우리가 해야 하는 것은 상충하는 대척점에 있는 두 개념을 적절하게 활용하는 일입니다. 열에 열로 대응하겠다는 '이열치열以熱治熱'도 상황에 따라 올바를 수는 있지만, 땡볕 아래에서 더위를 먹어 어지럼증을 느끼는 사람에게 뜨거운 물을 끼얹었다간 화만 돋우게 됩니다. 그럴 땐 역시 뼈가 시릴 정도로 차갑고 시원한 물을 건네는 것이 상황을 해결하는 방책인 거죠.

여기에서 우리는 어느 하나에 반대되는 개념은 언제나 또 다른 문제의 원인이 될 수도 있다는 것을 생각해야 합니다. 타이타닉 호가 침몰했을 때 가장 큰 사망 원인이 된 것은 어는점에 가까울 정도로 차가운 북극해의 수온이었습니다. 더위나 추위는 서로를 해결해 주는 방안이기도 하지만 둘 다 극단적인 경우에는 생존에 독이 되며, 이외의 다른 개념들도 마찬가지입니다. 해독제 역시 어떤 상황에서는 그 자체로 독일 수 있다는 점에서 우리는 독을 독으로 제압하고 있는 셈입니다.

　가장 유명한 독인 복어의 테트로도톡신을 다시 한번 떠올려 보면, 이 독은 신경 세포의 이온 통로를 차단해 신호 전달을 막아 생명체를 사망에 이르게 합니다. 테트로도톡신의 독성에 대응하기 위해서는 중금속을 잡아채던 킬레이트처럼 이온 통로를 틀어막은 테트로도톡신을 빼내거나, 혹은 이온 통로를 강제로 열어 줄 수 있는 또 다른 화학 물질을 투여하는 방식을 상상해 볼 수 있겠죠. 신경 작용은 순식간에 이루어지는 과정인 만큼 화학 결합을 통한 물질의 배출을 기다리기보다는 서둘러 통로를 열어 생존을 지속할 수 있도록 돕는 것이 현실적입니다. 이때 투구꽃에서 발견되는 아코니틴aconitine이라는 화학 물질은 우리가 기대하는 바와 같이 이온 통로를 활짝 열어 유지할 수 있습니다. 테트로도톡신과 아코니틴을 모두 복용한다면 서로 열고 닫는 치열한 경쟁을 거듭한 끝에 어쩌면 우리는 살아남을 수도 있겠죠. 하지만 복어 독과 경쟁이 가능할 정도라면 그 자체로도 충분한 독이 될 가능성이 있지 않을까요? 실제로 아코니틴은 대표적인 맹독성 식물인 투구꽃의 성분으로 복용자의 사망을 유발합니다. 물질마다 체내에서 처리, 배출되는 시간이 다르기에 두 가지 맹독의 조합으로 엎치락뒤치락하는 길항 작용을 체험하고자 하는 것은 매우 위험합니다. 세력의 균형이 무너지는 순간 잠복하고 있던 독성이 터져 나오게 될 테니 말입니다. 결국 독으로 다른 독을 완전히 상쇄하기는 어려우며, 다른 물질이 배출되거나 분해될 때까지 두 종류 독이 균형을 유지하거나 또는 더 강한 독이 약한 독을 일시적으로 억제할 뿐일 겁니다.

화학적으로도, 역사적으로도, 독은 늘 해독보다 한발 앞서가는 사건입니다. 독은 자연에 원소 그 자체로 존재하거나 동식물에게서 쉽게 채취되는 반면, 해독제는 독의 작동 방식에 대한 과학적 분석을 필요로 하기 때문입니다. 따라서 해독이란 체계적인 분석 방법이 없었던 과거에는 수많은 희생 위에 임상적으로 쌓아 올린 지식이었을 수밖에 없습니다. 독이 본능적이고 원초적이라면, 해독은 과학적이고 분석적인 성격을 가집니다. 독이 무언가를 파괴하려는 자연의 의지로 설계된 분자라면, 해독제는 그 파괴에 대응하기 위해 정밀하게 역설계된 물질입니다. 그리고 흥미롭게도, 이 둘은 완벽히 동일한 언어로 우리에게 말을 겁니다. 결합, 수용체, 이온, 산화, 환원, 반응 속도 모두 화학의 고유한 문법이죠. 우리는 점차 그 문법을 읽을 줄 알게 되었고, 독이 남긴 침묵의 상흔을 지우는 법을 배워 나가고 있습니다. 게임 속에서도 현실 속에서도 언제나 독이 먼저 오지만, 해독은 반드시 그 뒤를 따라오기 마련입니다.

만들어진 독

지금의 인간이 지구 생명체의 최종 승자가 될 수 있던 것은 학습하고 상상할 수 있는 지적 능력, 그리고 지식을 기록해 후대에 이어 갈 수 있는 기술 덕이라고 합니다. 우리는 많은 것을 자연을 모방해 만들어 냅니다. 먼 과거에는 동물의 위협적이고 날카로운 이빨이나 뿔처럼 돌을 가공해 무기를 창조하거나, 또는 원숭이가 푹 익은 과일을 먹고 취한 모습을 보고 술을 찾아냈을 것입니다. 현재의 과학자들도 단단히 달라붙는 홍합이나 도마뱀붙이를 관찰해 수술용 초강력 접착제를 만들었습니다. 또한 전복과 같은 어패류 껍질의 층상 구조에서 유래한 화려한 광채와, 거미불가사리 몸체의 미세 구조가 주위 모든 전파를 읽어 내는 능력에서 광학 구조를 떠올렸으며 식물의 광합성을 기반으로 태양광 발전이라는 인공 광합성에 이르기도 했죠.

선택적으로 작용하는 독을 발견하는 과정도 이와 마찬가지였습니다. 제라늄이나 국화 주위에는 곤충과 벌레들이 다가가지 못하는 모습에서 인간이 아닌 생물에게는 독이 될 수 있는 화학 물질이 그 안에 있을지도 모른다는 추측이 생겨납니다. 다행히 과학이 발전하면서 점차 식물을 짓이겨 바르는 수준을 넘어 한곳에 혼합된 수백 가지의 물질을 하나씩 떼어 내 확인할 기술을 가지게 되었습니다. 그렇게 발견된 제충국 속의 피레트린pyrethrin이라는 물질은 살충 효과를 갖는 천연 물질이었습니다. 그리고 우리는 구조가 기능을 결정한다는 화학의 원리에 따라 피레트린의 기본 형태를 조금씩 변화시키며 인간에게는 가장 안전하지만 곤충에게는 가장 위험한 분자를 찾기 시작했습니다. 결국 가정에서 분사형 혹은 매트형으로 사용하는 살충제인 알레트린allethrin과 프랄레트린prallethrin이 등장해 여름철 해충에게 받는 피해를 줄일 수 있게 되었죠. 하지만 모든 살충제가 안전한 것은 아닙니다. 오히려 너무나 위험해 금지된 물질이 더 많습니다. 예를 들어 제2차 세계대전에서 발진티푸스를 비롯한 곤충 매개 감염을 극복할 수 있도록 한 일등 공신인 DDT는 살충 효과가 뛰어나 노벨 생리의학상의 주인공이 되기도 했지만, 뒤늦게 생태계에 끼치는 잠재적 독성이 확인되어 이제는 사용이 금지된 유해물입니다.

　독의 대부분은 인간에게 해가 되는 동물 혹은 식물을 제거하기 위한 무기를 개발하다 탄생하는데, 그중 가장 대표적인 것이 유기인 계열의 화학 물질들입니다. 앞서 등장한 사린은 물론이고 타분Tabun이나 소만Soman, 그리고 최근까지도 암살 사건에 사용되는 VX 모두 유기인계에 해당합니다. 이들은 신경 전달 물질인 아세틸콜린이 체내에 계속 쌓이게 만들어 일종의 신경 정보와 자극의 폭주를 일으킵니다. 원래라면 사용 목적을 다한 아세틸콜린은 효소에 의해 분해된 후 재생되어야 하는데, 유기인계 물질들은 아세틸콜린 분해 효소에 달라붙어 그 작업을 차단합니다. 아무리 작은 자극도 계속해서 누적되면 거대한 통증으로 변합니다. 몸을 손가락으로 가볍게 누르면 단순한 촉각만 느껴지지만, 계속해서 누르는 힘을 높여 나가면 참을 수 없는 통증으로 변하는 것과 같죠. 유기인계 신경 가스들은 이와 같이 아세틸콜린의 누적으로 신경이 과도하게 흥분하는 문제를 일으켜 근육 경련과 호흡 곤란, 그리고 마비를 비롯한 증상과 함께 죽음까지 유발합니다. 이처럼 빠르게 대응해야 하는 신경 독소에도 물론 치료제는 보급되어 있습니다. 이번에도 독으로 독을 제압하게 됩니다. 벨라돈나Belladonna라는 독초에서 얻어지는 아트로핀atropine이 아세틸콜린 수용체를 차단해 과도하게 누적되는 신경 자극을 끊어 내는 방식입니다.

독과 해독제의 연구와 발견은 우리 주변에서 흔히 일어나는 일입니다. 의학계에서도 내성을 보유하기 시작한 세균에 맞서는 항생제, 전이하고 변이하는 암을 극복하기 위한 면역치료제 등이 계속 진화하고 있죠. 심지어 실생활에서 매우 유용하게 쓰이고 있는 탄소 연료와 이로 인해 증가하여 환경 오염을 일으키는 이산화 탄소를 에탄올 같은 고부가가치 물질이나 최초의 화석 연료 형태로 전환하기 위한 기술까지 개발되고 있습니다.

결국 물질에는 서로 반대되는 독과 해독이라는 두 가지 성격이 모두 들어 있고 어느 하나의 절대적인 우세를 주장하기는 어렵습니다. 그러나 한 가지 확실한 것은 물질을 다루는 학문인 화학은 우리의 상상과 우려 모두를 현실로 가져올 수 있는 가능성을 담고 있다는 것입니다. 게임과 현실은 동일시할 수 없고, 해서도 안 된다고 하죠. 게임 속 설정이 현실이 된다고 했을 때, 가장 위험한 것은 어쩌면 독과 해독제일지도 모릅니다.

9장

뇌가 게임을 즐기는 방식

〈테트리스〉와 〈포켓몬스터〉

1984년, 소련의 컴퓨터과학자 알렉세이 파지노프Alexey Pajitnov가 만든 〈테트리스Tetris〉는 역사상 가장 단순하면서도 가장 중독적인 게임 중 하나입니다. 위에서 떨어지는 블록들을 회전시켜 빈 틈없이 쌓아 없애는 것이 전부지만, 이 간단한 규칙은 사람들의 뇌를 사로잡아 버렸죠. 〈테트리스〉는 출시 이후 전 세계적으로 엄청난 인기를 끌었고 지금도 모바일, 콘솔, PC 등 다양한 플랫폼에서 끊임없이 리메이크되는 등 사실상 컴퓨터 게임의 역사와 함께 살아 숨 쉬고 있습니다.

이와는 또 다른 방식으로 게이머들을 사로잡은 게임이 있었으니, 1996년 일본에서 처음 출시된 이후 지금까지 사랑받고 있는 대표적인 롤플레잉 게임인 〈포켓몬스터Pokemon〉 시리즈입니다. 이 게임에서 플레이어는 포켓몬 트레이너가 되어 수많은 몬스터들을 포획하고 훈련하며 진화시켜 나갑니다. 배틀 중심의 게임을 넘어 포켓몬과의 교감, 도감 완성, 다양한 지역과 이야기를 통한 탐험 등 서사적 몰입 요소가 풍부하게 담겨 있으며, 수집 욕구와 성장 욕구, 전략적 사고와 감정적 애착을 동시에 자극하는 이 게임은 전 세계 수억 명의 게이머들에게 자신만의 포켓몬 세계를 구축하게 했습니다.

단순함과 복잡함, 겉보기에는 전혀 다른 구조지만 두 게임은 모두 우리에게 강렬한 몰입을 불러일으킨다는 점에서 공통점을 갖습니다. 이 장에서는 전혀 다른 구조를 가진 매우 유명한 두 게임, 〈테트리스〉와 〈포켓몬스터〉 시리즈를 중심으로 각 게임이 어떤 방식으로 뇌를 자극하며 몰입을 유도하는지를 살펴보려고 합니다.

게임과 몰입

컴퓨터 게임만큼 부모와 자식 간의 갈등을 유발하는 요소가 또 있을까요? 필자 K도 올해 8살 난 아들을 키우고 있는 처지에서, 앞으로 들이닥칠 게임과의 전쟁이 무척이나 두렵습니다. 도대체 컴퓨터 게임이 뭐길래 이렇게 부모님들의 속을 썩일까요? 컴퓨터 게임을 둘러싼 갈등의 핵심은 바로 '과도한 몰입'입니다. 게임에 몰입하면 마치 시간이 멈춘 듯 눈을 떼지 못하고, '한 판만 더' 하고 싶은 욕구가 무한히 반복되는 상태에 자주 빠집니다. 심리학자들은 이러한 몰입 상태를 '플로우flow'*라고도 합니다. 사

---

* 심리학자 미하이 칙센트미하이Mihaly Csikszentmihalyi의 표현으로, 마치 삶이 절정에 이른 순간처럼 자유롭게 하늘을 나는 듯한 느낌이나 물이 흐르듯 자연스럽고 편안하게 행동이 이어지는 상태를 말한다.

실 어떤 일에 몰입하는 것이 꼭 나쁘다고 할 수만은 없습니다. 공부, 음악 연주, 운동, 독서 등 대부분의 일은 '몰입' 상태에서 최상의 결과물을 만들어 낼 수 있으니까요. 그러나 컴퓨터 게임의 문제점을 꼽는다면 누구나 몰입 상태에 너무 쉽게 빠지도록 한다는 점입니다. 몰입 상태는 사람에게 희열감을 주고, 쉽게 빠지는 몰입은 속도가 느린 다른 종류의 몰입을 방해하는 경향이 있습니다. 이런 몰입의 특성을 이해하고 적절히 제어할 수만 있다면, 더 이상 부모와 자식이 게임을 가지고 갈등하지 않을 수 있을지도 모르겠습니다.

몰입은 뇌 속에서 이루어집니다. 바깥세상에서 전해지는 오감에 반응하는 뇌가 나로 하여금 몰입 상태에 빠지도록 만들어 줍니다. 몰입의 초반에는 교감 신경계의 활성화 덕에 심장 박동수가 다소 빨라지고 혈압이 소폭 상승합니다. 시간이 지남에 따라 심박수와 호흡수가 다시 안정되면서 '차분한 각성' 상태가 지속되고, 손바닥 땀샘이 활성화되어 문자 그대로 '손에 땀을 쥐게' 해줍니다. 이 덕분에 우리는 몸이 긴장과 이완의 묘한 조화를 이루는 듯한 느낌을 받게 됩니다. 또한 심리학 연구에 따르면 몰입할 때는 주변 시야(주변적 자극 처리 능력)가 약화되고, 중심 시야(우리가 집중하는 대상)가 더욱 또렷하게 인식됩니다. 이를 통해 뇌는 정보 처리 효율을 최대화하게 됩니다. 신경과학은 뇌가 어떻게 이런 복잡한 일을 해낼 수 있는지를 다루는 학문입니다. 그러나 불행히도 신경과학은 생명과학에서 가장 모르는 것이 많은 분야 중 하나입니다. 그중에서도 몰입과 같이 고차원적인 인지 기능은 그 원리를 설명하기가 여간 어려운 일이 아닙니다. 하지만 한 가지 다행스러운 점은, 우리가 뇌를 구성하고 있는 단위 신경 세포인 뉴런neuron에 대해서는 꽤나 자세히 알고 있다는 것입니다.

뉴런의 화학

자연과학을 구성하는 형제들인 물리학, 화학, 생물학은 서로 협력하여 어려운 문제를 해결하곤 합니다. 생물학자들에 의해 발견된 생명 현상은 화학자들에 의해 분자 수준에서 연구되고, 종국에는 물리학자들에 의해 그 원리가 낱낱이 파헤쳐지는 식으로 말이죠. 따라서 어떠한 생명 현상이 생물학적으로 충분히 이해되었다면, 그 현상에 대한 설득력 있는 화학적 설명이 존재하는 것이 자연스러운 순서입니다. 뉴런과 뉴런 사이의 신호 전달은 그 구동 방식이 화학적으로 거의 완벽히 설명될 수 있는, 생물학 내에서 몇 안 되는 예시입니다. 단순히 표현했을 때, 뉴런은 다른 뉴런으로부터 신호를 받아 이를 가공한 뒤 다음 뉴런에게 정보를 넘겨주는 메신저일 뿐입니다. 뉴런은 화학 정보인 신경 전달 물질을 이전 뉴런에게서 받고, 이에 반응하여 스스로 합성한 신경 전달 물질을 다시 다음 뉴런에게 전달합니다. 이때 신경 전달 물질을 주고받는 뉴런과 뉴런 사이의 연결 부위를 시냅스synapse라고 합니다.

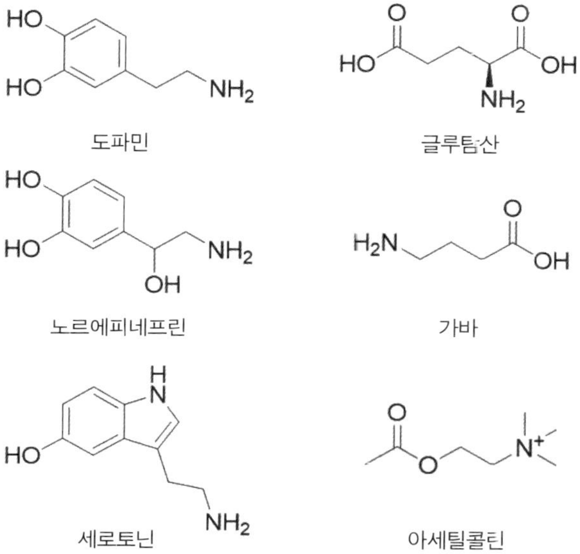

그림 9-1. 주요 신경 전달 물질들의 화학 구조

    신경 전달 물질의 종류는 매우 다양한데, 글루탐산Glutamate, 가바GABA, 아세틸콜린Acetylcholine, 그리고 이 챕터의 주인공인 도파민Dopamine과 세로토닌Serotonin 등이 있습니다. 그림에서 보는 것처럼 이들은 화학적으로 아주 유사한 구조를 가졌지만, 이들이 뇌에서 하는 일은 전혀 다릅니다. 이를테면, 도파민과 노르에피네프린의 분자 구조는 비전문가가 구별하기 어려울 정도로 비슷하지만 도파민은 보상과 학습, 노르에피네프린은 주의 집중과 경계와 관련이 있다고 여겨집니다. 이 차이는 무엇 때문일까요? 바로 뉴런 표면에 분포하는 수용체가 가진 선택성 덕분입니다. 수용체는 특정 분자를 인식하는 '자물쇠' 같은 역할을 하고, 비슷한 모양의 다른 분자를 만나도 그 미세한 차이를 구분할 수 있습니다. 따라서 도파민 수용체는 아무리 고농도라 할지라도 노르에피네프린에 전혀 반응하지 않고, 물론 그 반대의 경우도 마찬가지입니다.

한 뉴런에서 방출된 신경 전달 물질들은 유기 분자이기 때문에 다음 뉴런의 입장에서는 아날로그 신호라고 할 수 있습니다. 신호의 강도는 신경 전달 물질의 농도이며, 화합물의 농도란 늘 연속적이기 때문입니다. 그런데 정보의 전달 측면에서는 디지털 신호가 훨씬 효율적이므로, 우리의 뇌는 이 아날로그 신호를 0과 1로 구성된 디지털 신호로 전환하여 처리합니다. 아날로그에서 디지털로의 신호 변환을 가능케 해주는 것은 '활동 전위$_{action\ potential}$'인데, 이를 이해하기 위해서는 우선 뉴런의 구조에 관한 간략한 지식이 필요합니다.

뉴런은 세포막으로 둘러싸여 있기 때문에 외부 환경과 둘리적으로 격리되어 있습니다. 세포 안팎의 이동이 자유롭지 않아, 어떤 분자들의 농도는 세포 안쪽이 바깥에 비해 훨씬 높습니다. 만약 그 분자가 전하를 띤 이온들이라면 이 농도차가 곧 세포 안팎의 전하의 차이, 즉 전위차를 만들어 냅니다. 쉽게 말해서 모든 세포는 충전된 전지와 비슷한 상태라고 볼 수 있습니다. 이 전지가 몇 볼트짜리 인지(즉, 세포가 가진 전위*가 얼마인지)는 세포 안

---

    *   세포 바깥 공간에 대한 상대적인 값을 말한다.

밖의 이온 농도 차이를 통해 정확하게 계산할 수 있습니다. 전지와 다른 점은 세포막에는 나트륨(Na^+), 칼륨(K^+), 칼슘(Ca^{2+})과 같은 이온들이 이동할 수 있는 이온 채널ion channel이라는 장치가 존재한다는 것입니다. 평소에는 전하들이 세포막을 통해 자유롭게 오가지 못하지만, 만약 이 채널이 열리면 이온들이 빠르게 이동하면서 세포의 전압이 순간적으로 급격히 변화합니다. 이러한 일련의 과정이 바로 활동 전위입니다. 활동 전위가 나타나는 것을 뉴런이 '발화burst'한다고도 표현합니다. 아날로그 신호(뉴런의 신경 전달 물질)가 언제나 활동 전위를 초래할 수 있는 것은 아닙니다. 신경 전달 물질 신호들은 매우 기약하지만 서로 중첩될 수도 있는데, 이 신호들을 받아들인 뉴런의 전위 변화가 일정 수준(역치threshold)에 도달해야만 이온 채널이 열리며 비로소 활동 전위가 나타납니다. 그리고 활동 전위의 발동 여부에 따라 그 뉴런이 다음 뉴런에게 신경 전달 물질을 방출할지 여부가 결정됩니다. 활동 전위를 이끌어 내지 못한 작은 아날로그 신호들은 더 이상 전달되지 못하고 버려집니다. 결과적으로 뉴런과 뉴런 사이 정보의 흐름은 개별 뉴런들의 발화 여부에 따라 마치 반도체 회로처럼 0과 1 사이의 디지털 형식으로 이루어지게 됩니다.

뉴런과 뇌의 간극

이처럼 뉴런이 어떻게 자기들끼리 신호를 주고받는지는 비교적 명확합니다. 여기에 더하여, 뉴런의 전반적인 구조뿐 아니라 뉴런의 표면에 자리한 이온 채널과 신경 전달 물질의 분비를 일으키는 단백질 복합체 등 복잡한 기관들이 분자 수준에서 밝혀져 있습니다. 수많은 생물학자와 생화학자들의 노력이 빚은 결실이죠. 덕분에 우리는 뇌 속에 존재하는 뉴런 하나의 역할을 복잡한 전자 회로 속 부품 한 개의 역할 정도로 치환하여 생각할 수 있습니다. 하지만 뉴런 하나를 완벽히 이해할 수 있다손 치더라도, 그 뉴런이 수천억 개 모여 만든 뇌라는 구조물을 이해하는 일은 전혀 다른 차원입니다. 공학적 관점에서, 부품(뉴런)을 모두 이해했으면 전체 기계(뇌)를 직접 조립할 수 있어야 합니다. 전체 기계의 부품을 하나하나 분리해서 기계의 구동 방식을 이해하는 일을 역공학reverse engineering이라고 하며, 복잡한 시스템을 이해하기 위한 가장 효율적인 방법입니다. 그러나 안타깝게도 이 방식은 뇌를 연구할 때는 도움이 되지 않습니다. 신호를 전달하는 기계에 불과한 뉴런이 많이 모였을 뿐인데, 어떻게 뇌는 '몰입'이나 '의식', '감정' 같은 고차원적 기능을 구현할 수 있을까요? 또, 어떻게 주변 환경에 대해 그토록 빠르고 적절하게 변화할 수 있을까요?

아마도 그 이유는 뇌가 복잡계이기 때문일 것입니다. 복잡계란 개별 요소가 단순히 쌓여 있는 것이 아니라, 그 요소들 간의 상호 작용과 피드백이 매우 역동적이어서 전체 시스템의 기능·작동을 개별 요소만으로는 예측할 수 없는 구조를 말합니다. 이때 전체 시스템에 나타나는 예측 불가능한 현상을 '창발성

emergent property'라고 하며, 창발성은 복잡계가 존재하는 이유이자 복잡계를 연구해야 하는 이유라고 할 수 있습니다. 복잡계는 뇌와 신경계뿐만 아니라 도시, 주식 시장, 생태계, 기후 시스템 등 수도 없이 많은 곳에서 찾아볼 수 있습니다. 복잡계는 그 구성 요소를 안다고 해도 기능과 특징을 예측하는 것이 본질적으로 어렵습니다. 그래서 복잡계를 연구하는 학자들은 '블랙박스 접근법'을 즐겨 사용합니다. 즉, 내부의 정확한 작동 원리를 모른 채, 외부 자극에 대한 반응이나 활동 패턴을 관찰하며 그 기능을 유추하는 것입니다. 뇌를 연구하는 신경과학자들의 접근 방식도 이와 비슷합니다. 특정 자극이 주어졌을 때 어떤 뇌 부위가 활성화되는가? 어떤 신경 전달 물질이 주로 분비되는가? 어느 부위와 어느 부위의 뉴런들이 함께 발화하는가? 등등의 질문에 대한 답을 구하면서 뇌의 각 부위들의 역할을 추론할 수 있습니다. 우리가 뇌를 이해하는 방식은 현재로선 '어떻게'보다는 '언제'와 '어디서'인 셈입니다.

화학자의 입장에서 어떤 시스템을 분자 수준에서 이해하지 못하는 것이 못내 아쉽지만, 블랙박스식 접근법으로 알게 된 신경과학적 지식들은 여전히 우리에게 귀중합니다. 철학이나 심리학에서 예측되던 많은 현상들이 신경과학적 연구로 입증되었기 때문입니다. 몰입에 관한 내용도 이와 비슷합니다. 예를 들어 이제는 많은 사람들이 신경 전달 물질 중 하나인 도파민이 몰입, 중독과 연관되어 있다는 사실을 알고 있습니다. 이것은 우리가 도파민을 분비하는 신경 회로가 정확히 어떻게 구성되어 있는지,

또 그것이 어떻게 인지 기능과 이어지는지 이해한다는 뜻은 아닙니다. 하지만 뇌가 몰입 상태에 도달하면 도파민을 방출하는 뉴런의 활동이 활발해진다는 사실은 실험적으로 증명할 수 있습니다. 우리가 현재 이해하고 있는 신경 전달 물질과 뇌의 인지 기능 간의 관계는 대부분 이런 식으로 알아낸 것들입니다. 뇌의 고차원적 인지 기능을 분자 수준에서 이해하는 일은 불가능하지만, 뇌가 어떤 환경에 놓여 있을 때 몰입과 중독 상태에 더 쉽게 빠지는지 유심히 살펴보면 분명히 우리 뇌를 더 잘 이해할 수 있게 됩니다.

결벽증 환자를 위한 도파민 보상

〈테트리스〉의 몰입은 뇌가 가장 좋아하는 패턴을 정교하게 자극하는 방식에 그 비밀이 있습니다. 〈테트리스〉는 일정한 속도로 블록이 떨어지며 플레이어에게 일정한 수준의 긴장을 부여하고, 줄을 맞추면 블록이 제거된다는 즉각적인 보상이 주어집니다. 이 과정에서 플레이어의 뇌는 일종의 성취 루프를 형성하게 됩니다. 블록을 잘 맞췄을 때의 작은 성취, 그 직후의 깔끔한 정리와 소리를 통한 청각적 보상, 그리고 예측 불가능한 다음 블록이 주는 긴장감. 이러한 일련의 순환은 뇌에 지속적인 도파민 신호를 보냅니다.

최근 젊은 연령층을 중심으로 '도파민 터진다'와 같은 표현이 즐겨 사용되고 있습니다. 주로 재미있는 영상을 보거나 스포츠 경기 중 극적인 순간을 맞이했을 때와 같이 자극적인 경험을 표현하기 위해 사용되곤 합니다. 이는 마치 도파민이 '기대하지 않은' 자극을 맞닥뜨렸을 때 느껴지는 즉각적인 쾌감 또는 흥분 상태에 관여하는 호르몬인 것 같은 인상을 줍니다. 하지만 엄밀히 말해서 이것은 잘못된 표현입니다. 오히려 도파민은 기대와 학습의 분자입니다. 그러므로 보상을 기대할 때, 그리고 그 보상이 정확히 들어맞을 때 뇌는 도파민을 분비해 행동을 강화합니다. 예를 들어 유튜브 쇼츠 영상을 시청할 때 도파민이 분비되는 이유는 그 영상이 예상치 못하게 흥미로워서가 아니라, 흥미를 예상하고 영상을 넘겼는데 실제로 흥미 요소를 발견했기 때문입니다. 손가락을 움직이는 간단한 행위가 즉각적인 감정적 보상을 받기 때문에 이 시스템은 사용자가 플랫폼에 머무는 시간을 극적으로 늘리는 효과를 낳습니다.

마찬가지로 〈테트리스〉는 매 순간 정답이 정해져 있고 그것을 해낼 수 있을 것 같은 느낌을 지속적으로 제공합니다. 게다가 난이도가 조금씩 높아지면서 도전과 성공의 균형을 정교하게 유지합니다. 화학적으로 보면 도파민 분비의 최적화 조건을 충족시키는 정말로 '도파민 터지는' 설계인 셈이죠. 여기에 더하여 〈테트리스〉는 감각-운동 회로를 동시에 자극합니다. 손은 빠르게 움직이고 눈은 끊임없이 다음 블록을 예측하게 됩니다. 이 과정에서 시각 정보와 운동 피드백이 반복적으로 연결되며 뇌 안에 강한 연결 패턴을 형성하고, 이러한 조건은 몰입 상태, 즉 플로우

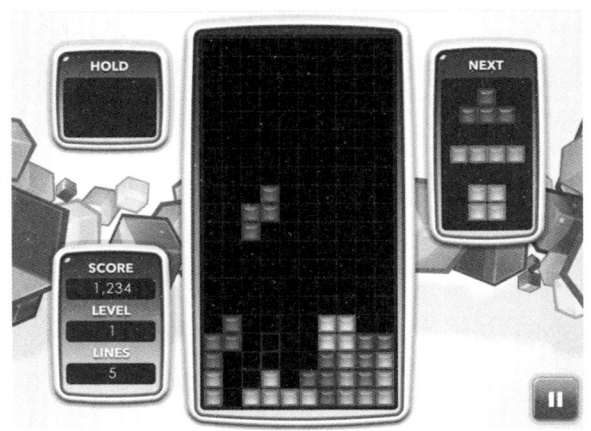

그림 9-2. 〈테트리스〉 플레이 화면

를 유도하는 전형적인 환경입니다.

〈테트리스〉가 주는 중독적인 몰입감의 핵심에는 '질서가 회복되는 순간의 만족감'이라는 근본적인 뇌의 반응이 있습니다. 어지럽게 쌓인 블록들 사이에 하나의 조각이 정확히 끼워지며 줄이 사라지는 그 짧은 순간, 우리는 뇌가 정렬과 완결에 반응하며 보내는 미세한 보상 신호를 체감합니다. 이 보상 신호 덕분에 뇌의 보상 시스템에서는 도파민이 분비되며, 스스로 예측했던 패턴이 실제로 완성되었다는 사실에 강한 만족감을 느끼게 됩니다. 정리된 방의 상태, 물건의 완벽한 배열 상태 등에 특별히 더 집착을 느끼는 사람의 뇌에서 일어나는 일도 비슷합니다. 질서에 대한 만족감은 우연한 진화의 산물이 아닙니다. 인간의 뇌는 생존을 위해 혼란보다 질서를 선호하도록 설계되었습니다. 어두운 숲

속에서 포식자의 형체를 재빨리 감지하고, 불완전한 정보를 기반으로 전체 패턴으로 유추하는 능력은 과거 우리의 생존을 좌우하는 중요한 능력이었기 때문입니다. 따라서 완성되고 정돈된 시각적 자극에서 만족감을 느끼는 경향은 뇌의 본능적인 작용이며, 〈테트리스〉는 그 본능을 정확히 자극하는 게임입니다.

세 마리 토끼를 잡는 몰입 메커니즘

필자 K가 경희대학교에 부임한 첫 해였던 2016년의 무더웠던 여름, 강원도 고성에서 자그마한 유기화학 학회가 있었습니다. 매년 열리는 학회지만, 유독 그해가 기억에 남는 이유는 바로 〈포켓몬 GO Pokemon GO〉 때문이었습니다. 2016년, 〈포켓몬스터〉 시리즈와 같은 세계관을 바탕으로 개발된 스마트폰 기반의 게임인 〈포켓몬 GO〉는 포켓몬을 '직접 걷고 돌아다니며 잡는다'라는 개념을 통해 몰입의 방향을 확장시켰습니다. 이 게임은 기존 시리즈의 감정적·전략적 몰입과 달리, 위치 기반의 현실성을 살린 탐험과 즉각적 보상을 핵심 몰입 요소로 삼았습니다. 〈포켓몬 GO〉는 포켓몬 세계를 우리의 현실 속으로 끌어들였고, 플레이어는 물리적으로 '움직이면서' 게임에 몰입하게 되는 독특한 경험을 얻게 되었습니다.

〈포켓몬스터〉 시리즈를 각자의 스마트폰에서 증강현실augmented reality* 방식으로 구현한 〈포켓몬 GO〉의 인기가 전 세계를 구가했지만, 당시 우리나라에서는 강원도 일부 지역에서만 플레이가 가능했습니다. 실제로 〈포켓몬 GO〉를 플레이하기 위해 강원도 여행을 가는 사람들도 심심찮게 보였죠. 이러한 배경을 몰랐던 필자 K는 학회를 기대하며 눈빛이 초롱초롱한 학생들을 보며 학문에 대한 학생들의 열의가 대단하다고 감탄했습니다. 세월이 흘러 〈포켓몬 GO〉는 이제 전국 어디에서나 쉽게 할 수 있는 게임이 되었지만 여전히 상당수의 게이머에게 꾸준히 사랑받고 있습니다. 마치 〈테트리스〉가 아직도 우리 곁에 살아남아 있는 것처럼 말이죠.

한편, 〈포켓몬스터〉 시리즈는 〈테트리스〉와는 전혀 다른 방식으로 우리 뇌를 사로잡습니다. 〈테트리스〉가 손끝의 반응과 즉각적인 보상으로 뇌를 자극한다면, 〈포켓몬스터〉 시리즈는 훨씬 더 장기적이고 정서적인 방식으로 몰입을 유도합니다. 나만의 포켓몬을 하나씩 포획하고 함께 전투하며 진화시키고 도감을 완성해 나가는 여정은 단순한 과제 수행이 아니라 정서적 애착과 성장 경험을 축적하는 과정입니다. 〈포켓몬스터〉 시리즈의 핵심은 '수집'과 '진화'입니다. 이 시리즈에서 영감을 받아 만들어진 〈디지몬 Digital Monster〉, 〈요괴워치 妖怪ウォッチ〉, 그리고 〈서머너즈 워 Summoners War〉 시리즈와 같이 최근에 발매된 모바일 게임도 비슷한 요소를 지니고 있습니다. 〈테트리스〉가 블록 배열을 통해 지속적이고 작은 도파민 보상을 제공한다면, 〈포켓몬스터〉 시리즈의 플레이어는 어려움을 거쳐 직접 몬스터를 수집할 때 드물지만

---

*   디지털 정보를 현실 세계에 겹쳐 보여 주는 기술.

큰 강도의 도파민 보상을 얻습니다. 〈포켓몬 GO〉에서는 남들도 탐내는 희귀한 몬스터를 얻기 위해 플레이어가 직접 그 몬스터가 출몰하는 지역까지 여행을 가기도 하죠. 이때 분비되는 도파민 신호는 플레이어로 하여금 게임 속 몬스터 출몰 장소로 가기 위해 기꺼이 교통비를 지불하고 시간을 투입하게 만들 정도로 강합니다. 아무런 경제적, 실질적 가치도 없는 게임 속 몬스터를 획득하는 일로도 우리 뇌가 이처럼 막대한 도파민 보상을 제공한다는 것이 비효율적으로 보이기도 합니다. 하지만 시간을 원시 시대로, 몬스터를 고급 식재료로 치환해 본다면 고개가 끄덕여지기도 합니다. 아직 가보지 못한 곳을 탐험하여 무언가를 찾아내는 활동이야말로 원시 시대 수렵 채집인들에게는 생존을 위한 필수 활동이었습니다. 우리의 뇌로 하여금 이 어려운 활동의 끝에 막대한 도파민 보상을 부여하지 않았다면, 아마도 인류의 생존 자체가 위협받았을지도 모릅니다.

재미있는 것은 〈포켓몬스터〉 시리즈가 우리 뇌에 일으키는 작용이 도파민 보상에서 멈추지 않는다는 점입니다. 〈포켓몬스터〉 시리즈에서 플레이어는 포켓몬을 단순히 수집하는 것에서 그치지 않고 수집한 포켓몬을 성장시키고 진화시켜야 합니다. 심지어 이들에게 이름을 붙이고 함께 여행하며 전투에 임하게 됩니다. 이런 식의 반복적이고 장기적인 활동에서는 세로토닌이 중요한 역할을 합니다. 세로토닌은 감정의 안정성과 지속적인 만족감을 조절하는 물질로, 즉각적인 쾌락보다는 안정적인 환경, 충분한 충족감, 규칙적인 생활 패턴과 같은 조건에서 그 활성도가 높아지는 것으로 알려져 있습니다. 매일 같이 레벨을 올리고, 포켓몬 도감을 한 칸씩 채워 가는 과정은 세로토닌 회로를 자극하여 몰입을 '안정된 습관'으로 전환시킵니다.

그뿐만 아니라, 포켓몬의 귀여운 외형 덕분에 플레이어는 자신의 포켓몬들이 온라인상에만 존재함에도 불구하고 이들에게 애정을 갖게 됩니다. 그리고 이것은 플레이어의 뇌에서 또 다른 신경 전달 물질인 옥시토신Oxytocin 분비를 촉진합니다. 옥시토신은 흔히 '애착 호르몬'으로 불리며,* 인간 유아의 돌봄, 애완동물과의 유대, 혹은 지금과 같은 가상 캐릭터와의 정서적 교감에서도 활성화됩니다. 이처럼 포켓몬은 게임 속의 단순한 오브젝트가 아니라, 뇌가 '보호해야 할 존재'로 인식할 수 있는 감정적 대상이 됩니다. 그리고 보호해야 할 대상이 게임 안에서 기다리고 있다는 것은 게이머들로 하여금 게임을 떠날 수 없도록 만드는 아주 강력한 요인입니다.

정리해보면 〈포켓몬스터〉 시리즈의 몰입 요소들은 인간의 진화적 본능과 깊은 연관이 있습니다. 희귀한 자원을 찾아 나서는 수렵 채집의 보상 회로는 도파민 기반의 추적 시스템으로 이어지고, 오랜 시간에 걸쳐 새끼를 돌보고 키우는 양육 본능은 세로토닌과 옥시토신 회로를 중심으로 작동합니다. 〈포켓몬스터〉 시리즈는 이 두 본능을 모두 자극하는 게임이기 때문에 그 파급력이 아주 강력하다고 볼 수 있습니다. 이 시리즈의 개발자들이 인간

---

* 옥시토신은 뇌하수체 후엽에서 분비되는 호르몬이자 동시에 신경 전달 물질로도 작용한다.

그림 9-3. 〈포켓몬 GO〉 게임 속 귀여운 피카츄의 모습

에게 진화적으로 검증된 몰입 조건을 염두에 두고 게임을 개발했는지는 모르겠으나, 만약 그랬다면 정말 무서운 설계가 아닐 수 없습니다.

10장

우주와 미래의 화학
〈스타크래프트〉

고증이라는 족쇄는 모든 창작자를 끝없이 따라다닙니다. 과거에 있었던 시대상과 가치, 내용, 물품에 대한 실재성을 해석하는 방법인 만큼, 아직 많은 자료가 남아 있는 중세 후기나 근대가 배경이 될수록 고증의 중요성이 더욱 높아집니다. 앞서 소개한 〈어쌔신 크리드〉 시리즈가 칭송받는 이유가 뛰어난 고증과 재현에 있었다는 점에서 이 사실을 알 수 있습니다. 하지만 이야기의 배경을 설정할 때 꼭 철저한 고증을 거칠 필요는 없습니다. 마법적인 판타지 세계(〈젤다의 전설〉)나 빛도 닿지 않는 기괴한 심해(〈서브노티카〉) 등과 같은 완전한 허구의 세상은 고증을 신경 쓰지 않아도 된다는 측면에서 제작에 편리할 뿐만 아니라 오히려 플레이어의 몰입을 손쉽게 이끌어 낼 수도 있습니다. 또는 다른 시간선의 지구와 같이 현재와 유사한 시대상을 가졌지만 완전히 가상에 존재하는 시공간을 도입하는 것도 하나의 방법입니다. 그것은 때로는 머나먼 미래에 머나먼 우주에 닿은 인간들의 시간이 될 수도 있겠죠. 대한민국 e스포츠의 전설적인 여정의 시작이기도 했던 〈스타크래프트Starcraft〉와 같이 말입니다.

인간, 테란, 그리고 사기꾼들

〈스타크래프트〉는 여러 측면에서 거대한 파급력을 만든 게임이었습니다. 독자 여러분이 〈마인크래프트〉나 〈로블록스Roblox〉, 〈브롤스타즈〉 등의 캐주얼한 게임이 친숙한 청소년이라면 〈스타크래프트〉를 〈테트리스〉와 같이 먼 과거의 게임 중 하나일 뿐이라고 생각할 수 있습니다. 하지만 1990년대 이전에 태어난 독자라면 〈스타크래프트〉는 높은 확률로 인생의 선명한 추억으로 남아 있을 겁니다. 1998년 3월 출시된 직후 국내에서 엄청난 열풍을 일으킨 〈스타크래프트〉는 〈리니지Lineage〉(1998년) 및 〈디아블로 2Diablo 2〉(2000년)와 함께 당시 우후죽순 생겨나던 PC방의 활성화에 크게 기여합니다. 학교를 마치고 친구들과 함께 잠시라도 놀기 위해 부리나케 PC방으로 달려갔던 추억은 저와 비슷한 연배의 분들이라면 공유하는 추억일 거라고 생각합니다.

'스페이스 오페라Space Opera'를 지향하던 〈스타크래프트〉는 지구에서 추방되어 코프룰루 구역Koprulu Sector에 정착한 인류 세력인 테란Terran 연합, 그리고 우주 종족의 창조주인 젤나가Xel'naga에 의해 탄생한 유전공학의 집합체인 괴생물 종족 저그Zerg와 고도의 과학 문명 및 초능력을 보유한 프로토스Protoss 간의 삼파전으로 구성됩니다. 서로를 견제하며 발전된 것 같은 각 종족의 특수 병종과 능력들, 그리고 전장의 구도와 형태에 따라 절묘하게 조정된 밸런스는 게임을 더욱 몰입감 있게 만듭니다.

강력한 신체 능력을 토대로 원시적이지만 효율적인 공격 방식으로 싸우는 저그는 영화 속 '에일리언'을 떠올리게 하며, 이와 반대로 고도로 발전한 무기와 기술을 활용하는 소수 정예의 프로토스는 '에일리언'의 영원한 라이벌인 '프레데터'에서 모티브를 따온 듯도 싶습니다. 취향에 따라 선호하는 종족은 다를 수 있지만, 아무래도 인간이 만들어 낸 게임인 만큼 플레이어의 운영 능력만 잘 받쳐 준다면 테란의 기술력이 빛을 발하게 됩니다. 컨트롤이 힘들긴 해도 방어 또는 수성전에 특화되어 있는 테란은 단순히 병력을 쏟아부어서는 무너뜨릴 수 없는 난공불락의 요새와

그림 10-1. 테란의 방어전
테란의 공성 능력은 모든 종족 중 가장 뛰어나다.

도 같아 오랜 기간 공습을 막아 낸 것으로 유명한 동로마 제국의 수도 콘스탄티노플의 테오도시우스 성벽을 떠올리게 합니다. 무엇보다 신을 향한 믿음과 압도적인 기술이 있다면 이런 것조차 가능하다는 것을 주장하는 듯싶은 프로토스나 세균과도 같이 조용히 퍼져 나가 모든 곳을 잠식하는 생명체의 원시적인 야성을 보이는 저그와는 달리, 우리가 이미 알고 있고 또 상상할 수 있는 기술들을 광범위하게 활용하는 테란은 과학적으로도 살펴볼 이야깃거리가 많습니다.

테란의 기본 유닛은 해병Marine입니다. 현대 국가의 해병대와는 달리 이들은 범죄자나 반란군 출신의 인물입니다. 그 때문인지 테란의 병력은 매우 저렴한 비용으로 생산이 가능하며 허무할 정도로 쉽게 목숨을 잃어 순식간에 비명과 혈흔만을 남기고 사라지기도 합니다. 범죄자나 반란군이 무엇을 볼모로 잡혔기에 자신의 목숨을 종잇장처럼 내던지는지 이해가 가지 않을 수 있으나, 테란은 강제적인 신경 수술을 통한 재사회화로 병사들의 절대적인 충성을 얻어 냈다고 합니다. 하지만 병사들의 취급이 이렇다고 해서 이들이 우주 비행사들이 착용할 법한 안전하지만 둔하게 느껴지는 활동복만으로 전장에 내몰리는 것은 아닙니다.

우주 환경은 자외선을 비롯한 유해 광선과 더불어 주위 항성계에서 불어오는 이온풍으로 가득합니다. 핵융합으로 타오르는 별이 내뿜는 양성자와 전자 등 미립자의 흐름인 이온풍은 지구 자기장과 대기권에 의해 대부분 차단되지만, 이에 직접적으로 노출될 수밖에 없는 우주 공간에서는 급성 방사선 증후군과 생식 기능 이상, 뇌신경 손상을 비롯해 많은 악영향을 유발합니다. 최근 우주과학 연구 결과에 따르면 우주의 이러한 환경은 미생물에게조차 간단히 변이를 일으킬 정도이니* 외부 활동이 대부분인 테란의 해병에게는 더 큰 문제를 일으키게 되겠죠. 자연스레 이들의 전투복은 완벽한 CBN(화생방) 방어 기능을 갖추고 있습니다. 과거에는 가장 거대한 피해를 일으키는 대량 살상 무기를 화학적Chemical, 생물학적Biological, 핵Nuclear 무기로 구분했습니다. 현재는 여기에 방사능Radiation과 고폭발성Explosive 무기가 더해져 CBRNE의 다섯 가지로 구분하는데, 만약 해병의 전투복이 이 무기들까지 완전히 막아 낼 수 있었다면 프로토스의 상징과도 같은 사이오닉 스톰Psionic storm이나 부식성 포자를 뿌려 생명력을 지속적으로 깎아 내는 저그의 특수 유닛 디파일러Defiler의 플레이그Plague뿐만 아니라 다양한 폭발 무기로 인해 사망하는 것을 막을 수 있었을 듯싶습니다.**

이제 테란의 공격력에 대한 얘기를 해볼까요. 해병은 C-14 가우스 관통 소총C-14 Impaler Gauss Rifle을 무기로 사용합니다. 이 무기는 설정상 금속 탄환을 전자기력으로 가속해 쏘아 내는 현

---

* 지구와 우주에서 미생물 활동에 의한 미소(일본 된장) 발효 연구의 결과로 우주 방사선에 의한 미생물 변이가 지구에서와는 다른 품질의 미소를 만들어 낸다는 사실이 확인되었다. M. Coblentz et al., "Food Fermentation in Space: Opportunities and Challenges", *iScience* 28(4) (2025): 112189.
** 물론 사이오닉 폭풍은 방어무시 특성이 적용되기에 전투복의 효과가 없을 수 있겠다.

대식 레일건으로 알려져 있었지만, 그렇다면 도대체 왜 게임에서 재래식 탄피가 튀어나오고 격발음이 발생하는지에 대한 의문이 있었습니다. 그러자 결국 이 총은 레일건의 요소와 함께 50구경 자동 소총과 같은 화약식 추진 무기의 요소도 여전히 사용하고 있다는 정정이 이루어졌죠. 덕분에 해병의 업그레이드 무기 중 하나인 U-238탄(열화우라늄탄)에 대한 타당성 문제도 해결되었습니다. 우라늄은 전도성을 갖는 물질로, 레일건 탄환으로 사용될 수는 있지만 보통은 관통과 발화를 통한 재래식 대장갑 탄환으로 사용되므로 설정이 분명하지 않다는 지적도 있었기 때문입니다.

열화우라늄은 우라늄 동위원소이자 핵연료로도 사용되는 유용한 자원인 U-235(우라늄-235)의 함유량이 자연 상태보다 낮은 일종의 잔여물입니다. 이 금속은 일반 우라늄에 비해 방사선을 적게 발생시켜 심각한 피폭을 일으키지 않는 덕분에 인간이 쉽게 활용할 수 있습니다. 흔히 열화우라늄탄이 피격 이후에 내부 피폭을 유발하지는 않을까 생각하는 것과는 달리 그 효과가 미약한 이유입니다. 또한 원자번호 92번인 우라늄은 지구에 자연적으로 존재하는 원소 중 가장 무거우며 납과 같이 일반적으로 탄두에 사용되는 금속에 비해 더욱 높은 밀도를 가지기 때문에, 이 열화우라늄은 철갑 관통을 위한 고위력 탄환으로 사용됩니다.[*]

또한 해병의 가장 유명한 능력이자, 다른 많은 매체와 일상에서도 종종 언급되곤 하는 용어로 스팀팩 Stimpack이 있습니다.

전투자극제라는 표현으로 번역되는 이 약물을 사용하면 체력의 일부를 잃어버리는 대신 전투력이 급격히 상승하게 됩니다. 사격 속도도 빨라진다는 다소 의아한 효과가 함께 나타나긴 하지만 신체 기능이 향상되어 명중률이 높아지고 연속 사격도 버텨 낼 수 있다고 생각하면 충분히 납득할 수 있습니다. 스팀팩은 과거 전쟁에서도 실제로 사용되었던 방법입니다. 제2차 세계대전 당시 독일군은 마약으로 유명한 메스암페타민methamphetamine으로 이루어진 페르비틴Pervitin이라는 전투자극제를 보급했습니다. 이 약물은 각성 효과를 갖는 물질인 만큼 두려움을 잊게 하고 전반적인 신체 능력을 끌어올리는 데 충분히 효과적이었습니다. 이를 잘 보여 주는 유명한 사례로, 핀란드 병사 아이모 코이부넨Aimo Koivunen은 장거리 정찰 도중 소련군의 매복에 둘러싸이자 탈출을 위한 마지막 수단으로 무려 30정의 페르비틴을 한 번에 삼키는 선택을 합니다. 급격한 각성 상태 덕분인지 코이부넨은 추격하는 소련군을 따돌리고 도주하던 도중 대인 지뢰를 밟아 몸이 튕겨 나가기까지 하지만 바로 일어나 다시 달렸다고 합니다. 그는 결국 일주일 동안 보급 없이 400km를 주파해 아군 진지까지 스스로 복귀하는 데 성공합니다. 복귀 직후의 체중은 43kg였으

---

* 탄환 형태로 사용되는 소형 핵폭탄에 대한 우스갯소리로 원자 번호 95번 아메리슘Am 탄환 이야기가 있다. 하지만 아메리슘은 분열을 위해 필요한 최소 질량이 4.6kg이기 때문에 핵폭발을 일으키는 탄환으로의 가공이나 사용은 불가능해, 단순히 재미 삼아 떠도는 이야기로 보는 것이 옳다.

며 심박수는 정상 범위의 3배를 넘는 분당 200회로 미친 듯이 높은 상태였습니다. 과도한 심혈관 자극으로 인한 발열로 사망했을 법도 하지만 혹한의 추위가 체온을 낮춰 활동이 가능했던 것으로 생각됩니다. 이처럼 메스암페타민은 집중력과 인체 기능을 강화하는 효과가 있어, 과거 일본에서 필로폰$_{Philopon}$이라는 제품명으로 유통되어 수험생들 사이에서 사용되기도 했습니다. 단어 자체가 '일$_{opus}$'을 '사랑한다$_{philos}$'는 의미를 담고 있듯, 이 약물은 지치지 않고 계속해서 작업이나 학업을 이어 갈 수 있도록 하는 각성제였기 때문에 당시에는 에너지드링크나 커피처럼 여겨졌습니다. 물론 이후에 중독성과 위험성이 발견되며 금지된 것은 당연한 수순입니다.

스팀팩 역시 이와 같은 방식으로 구성됩니다. 공개된 설정에 따르면 스팀팩은 진통제와 각성제, 흥분제 성분이 복합된 일종의 전투 칵테일이라 볼 수 있습니다. 진통제 역할은 엔도르핀$_{endorphin}$, 각성제는 아드레날린$_{adrenaline}$, 그리고 흥분제는 아마도 메스암페타민이 유력하다고 추측됩니다. 엔도르핀은 인체에서 분비되는 물질로, 강력한 진통제인 모르핀$_{morphine}$(아편)보다 18~33배의 진통 효과를 보이는 강력한 물질입니다. 또한 아드레날린은 인간이 긴장 혹은 위기 상황에서 투쟁-도피 반응을 위해 분비되는 신경 전달 물질이며 시야 개선, 지혈, 혈압 상승, 기관 확장 등 격렬한 운동과 반응을 위한 준비 작업을 하는 물질입니다. 장시간 달리기를 할 때 고통을 잊고 계속해서 달릴 수 있게 해주는 '러너스 하이$_{Runner's\ high}$' 역시 이 물질들과 관련되어 있

그림 10-2. 테란 최강의 전략 무기인 **전투순양함** Battlecruiser
전투순양함의 추락 장면에서 그 어마어마한 크기를 체감할 수 있다.

다고 알려져 있죠. 물론 강제적으로 신체 기능을 증폭하는 것이 우리에게 안전할 리 없습니다. 스팀팩을 사용하면 해병의 체력이 20%씩 감소하는 이유이자 스팀팩을 사용할 수 있는 횟수에 한계가 있는 이유입니다.

이외에도 테란의 전략 무기들은 현대 과학 기술이라는 바탕에 다양한 상상력을 가미하여 설계되었습니다. 절대적인 방어선을 구축하며 보이지 않는 먼 곳에서 화력을 쏟아붓는 시즈탱크, 정확히는 아크라이트 공성 전차 Arclite Seige Tank는 제2차 세계대전

10장 우주와 미래의 화학 〈스타크래프트〉

중 독일군이 프랑스의 마지노선을 공략할 목적으로 제작했던 전설의 초대형 열차포인 구스타프 열차포Schwerer Gustav를 떠올리게 합니다. 물론 시즈탱크가 발사하는 고작 120mm의 충격포에 비해 무려 700kg의 작약이 탑재된 4.8톤 중량, 800mm 직경의 구스타프 전용 포탄은 실제로 상상할 수 없을 정도의 압도적인 위력이겠습니다.

이외에도, 종이비행기라는 오명을 달고 있는 전투기 CF/A-17G, 코드네임 망령Wraith의 은폐 기능은 다양한 방식으로 전파와 열 감지를 회피하는 스텔스 기능에 더해 최근 투명 망토와 같이 광학 물질로 시각적인 정보마저 교란하는 첨단 소재 기술의 결정체입니다. 그리고 이동식 과학 연구소인 사이언스 베슬Science Vessel의 대기계 무력화 단거리 전자기 파동인 EMP 충격파와 대생물 비대칭 전략 무기 방사선Irradiation 입자 피폭도 유용하죠. 특히 방사선은 지속적으로 피해를 발생시켜 대상과 주위 생명체에게까지 피폭 피해를 입힌다는 점에서 과학적 고증이 철저해 유독 인상 깊습니다.

이처럼 견고한 방어선과 함께 인류가 오랜 역사를 통해 다듬어 온 공성전 능력은 테란의 '우주방어'라는 숨 막히는 전술이 탄생하게 된 요소이기도 하며, 이런 능력으로 인해 운용자의 유기적인 컨트롤만 뒷받침된다면 테란은 그야말로 '사기적'이라는 반질시성 불평이 터져 나오게 합니다. 그러나 지금까지 살펴본 다양한 무기들을 훌쩍 뛰어넘는 테란의 가장 매력적인 전략 무기는 따로 있습니다. 바로 지금의 인류와 마찬가지로 '핵 미사일'입니다.

핵반응과 핵무기

윤리적인 이유에서 사용 금지가 촉구되는 전략 무기들은 다양합니다. 과거에는 화생방(CBN), 이제는 화생방핵폭(CBNRE)으로 분류되는 이 무기들은 흔히 '비대칭 전력'으로 불립니다. 전력과 전장의 비대칭을 유발하는 요인은 여럿 있습니다. 이를 이해하기에 앞서 우선 '란체스터 법칙 Lanchester's law'을 알아봅시다. 이 법칙은 세계대전의 공중전 결과를 분석하며, 만약 상호 간의 성능이 동일하다면 다수가 소수를 쉽게 이길 수 있으며 이때 발생하는 피해도 인원수가 증가함에 따라 비선형적으로 감소한다는 원리입니다. 쪽수가 중요하다는 싸움의 기본적인 규칙인 것이죠. 그러나 이 법칙은 과학 기술이 발전하면서 현실에 그대로 적용하기가 어려워졌습니다. 먼 과거, 칼이나 창과 같은 근거리 무기로만 전쟁을 하던 시기에 활이나 총과 같은 원거리 무기가 등장하며 생겨난 변화를 떠올리면 이해가 쉽습니다. 근거리 무기로만 공격을 할 때는 인원이 아무리 많더라도 직접적인 공격을 가하기 위해 일단 진형끼리 맞부딪쳐야 하지만, 원거리 무기를 사용하면 이동 시간이 단축되는 것은 물론이고 상대와 마주하지 않은 채 일방적인 공격을 가할 수 있는 순간이 발생합니다. 란체스터 법칙에서 전제하고 있는 대칭성이 깨지는 순간이죠. 이외에도 지형적 요소를 활용한 전술이나 기습 등으로 전장의 대칭성을 깨뜨리기 위한 방법은 꾸준히 연구되어 왔습니다.

대칭성이란 개념은 생각보다 넓은 분야에서 활용됩니다. 제

2차 세계대전에서는 연합군의 주요 전략으로 사용되었으며 이후에는 한정된 자원으로 효율적인 투자를 설계하기 위한 경영학의 핵심 원리로 사용됩니다. 이 개념은 생태계의 먹이 사슬을 설명하는 수학적 모델로도 발전하는데, '로트카-볼테라 방정식Lotka-Volterra equation'이라 불리는 이 모델은 포식자와 피식자의 관계와 개체수의 변화를 설명하고 예측하는 데 사용되기도 합니다. 그리고 이 모든 균형과 관계를 깨뜨리는 것이 바로 '비대칭성'입니다. 이미 우리는 치열하게 진행되던 전쟁이 단 두 개의 원자폭탄으로 인해 결말을 맞이했던 것을 기억합니다. 원자폭탄, 핵폭탄, 그리고 수소폭탄 등은 대표적인 비대칭 전력으로 구분되며 그 발견부터 제조 원리까지 화학적인 이야기들로 가득합니다.

우리가 '핵'이라고 부르는 것은 원자의 중앙에 단단히 박혀 있는 '원자핵'을 의미합니다. 원자핵은 양성자와 중성자로 이루어져 있는데, 자석의 같은 극끼리는 서로를 밀어내는 원리처럼 같은 양의 전하를 띠는 양성자들은 서로 강력하게 반발합니다. 이들이 원자핵이라는 아주 작은 크기의 입자로 뭉쳐 있을 수 있는 것은 전하를 띠지 않으면서도 양성자만큼이나 무거운 중성자들이 이들을 접착제처럼 잡아 두기 때문입니다. 화학에서는 원자핵을 구성하는 양성자나 중성자를 떼어 낸다거나 추가하는 작업은 고려하지 않습니다. 원자핵 속 양성자의 개수가 곧 주기율표에 빼곡히 나열된 원자 번호를 의미하기 때문에, 핵을 조작해 물질에 변화를 일으키면 그 물질을 구성하고 있던 입자가 제멋대로 바뀌어 기존의 화학적인 관계가 성립할 수 없기 때문입니다. 사람으로 예를 들면 각자 가지고 있는 지문이 저절로 바뀌어 사회 속에서 나를 규정하던 모든 것이 더 이상 적용되지 않는 상황에 처하게 되는 셈입니다. 결국 화학이 성립할 수 있는 가장 작은 세계가 원자인 만큼, 원자에 대한 훼손이나 변형은 화학자들에게는 그다지 큰 관심이 가지 않는 영역일 수밖에 없습니다.

그럼에도 핵에 관련된 이야기를 이어 가는 것은 원자폭탄을 탄생시킨 '맨해튼 프로젝트Manhattan Project'의 시작과 핵분열의 발견이 화학자에 의해 이루어졌다는 다소 흥미로운 관점에서 기인합니다. 이에 대한 이야기들은 영화 〈오펜하이머Oppenheimer〉에서 다뤄지는데, 비대칭 전력인 핵무기의 개발을 두고 추축국과 연합국의 경쟁이 등장합니다. 1938년 독일의 카이저 빌헬름 화학연구소The Kaiser Wilhelm Institute for Chemistry에서 오토 한Otto Hahn과 프리츠 슈트라스만Fritz Strassmann이 우라늄 원자핵에 중성자를 충돌시키면 핵이 분열된다는 현상을 발견하게 됩니다. 이 발견으로 핵분열의 시대가 개막하였으니 당연히 많은 사람들은 이들이 핵물리학자 혹은 입자물리학자일 것으로 생각하지만 놀랍게도 이들은 화학자였습니다.* 한과 슈트라스만이 했던 실험은 정확히는 우라늄에 중성자를 충돌시켜 더 무거운 원소를 만들어 내려는 시도였습니다. 그러나 원하던 결과물 대신 오히려 더 작

---

* 오토 한은 감미료와 향료로 사용되던 유기 분자인 아이소유제놀Iso-eugenol에 대한 연구로 1901년 독일 마르부르크 대학교에서 유기화학 박사학위를 받았으며, 프리츠 슈트라스만은 1929년 독일 하노버 대학교에서 오존-수소 혼합물의 촉매 분해 연구로 분석화학 박사학위를 받았다.

고 가벼운 바륨Ba의 방사성 동위원소만을 발견하게 되죠. 안정하던 원소가 더 작고 가벼운 원소로 변화한다는 발견은, 당시 원자는 더 이상 쪼갤 수 없는 최소 단위라는 과학계의 통념을 완전히 뒤엎는 것이었습니다. 이 현상을 같은 연구소에 소속되어 있던 리제 마이트너Lise Meitner에게 문의한바, 우라늄의 핵이 분열되어 이 같은 방사성 원소로 변화했을 가능성을 고려하게 되었고 결국 핵분열nuclear fission이라는 용어가 탄생하며 이때부터 핵물리학과 핵화학이 비로소 시작됩니다. 이 발견은 이후에 오펜하이머와 아인슈타인, 어니스트 로런스Ernest Lawrence, 아서 컴튼Arthur Compton 등 여러 천재적인 과학자들에 의한 핵무기 개발 경쟁으로 이어집니다. 흔히 핵분열이라고 하면 단순히 우라늄이 분열하며 강렬한 에너지를 방출하는 것이라고 오해하기 쉽지만, 이 반응의 핵심은 '연쇄성'에 있습니다. 파괴적인 무기인 원자폭탄만이 아니라 공해 없이 에너지를 얻을 수 있는 원자력 발전 또한 마찬가지입니다.

같은 원자 번호에 속한 원소지만 원자핵을 이루는 중성자의 개수가 다른 원소들은 동위원소로 구분됩니다. 가장 작고 가벼운 원소인 수소H, protium에 중성자가 하나 늘어나면 2배 무거워진 중수소D, deuterium가 되며, 여기에서 중성자가 하나 더 증가하면 방사선 피폭의 주요 원인이 되는 삼중수소T, tritium가 됩니다. 이 세 가지가 바로 수소의 동위원소입니다. 그리고 동위원소마다 안정성의 차이가 있으며, 현재의 상태를 영원히 유지한 채 안정하게 존재할지 혹은 다양한 입자 혹은 에너지를 방출하며 스스로

붕괴할지의 운명을 각자 다르게 지니고 있습니다. 우라늄은 이제까지 27종의 동위원소가 확인되었는데, 이 중에서 자연계에 존재하는 것은 양성자와 중성자 개수의 합이 234, 235, 238개인 경우뿐입니다. 물론 이들 모두 느리고 빠른 정도의 차이는 있으나 언젠가 방사선과 함께 붕괴하게 되죠.

원자폭탄과 원자력 발전에 중요한 것은 우라늄-235입니다. 우라늄-235의 농도가 중요한데, 원자폭탄은 우라늄-235의 비율이 90% 이상인 고농축 우라늄으로 이루어져 제어가 불가능한 초고속 연쇄 반응으로 폭발을 일으킵니다. 반면 안전성과 지속성이 중요한 원자력 발전에서는 우라늄-235의 비율이 2~5%인 저농축 우라늄에 다양한 감속재(물, 흑연)나 제어봉(붕소, 카드뮴 등)을 활용해 핵분열의 속도를 조절합니다. 이때 우라늄을 농축하기 위해 우라늄의 동위원소를 분리하는 데는 생각보다 간단한 원리가 적용되는데, 바로 원심 분리centrifugation입니다. 줄에 매달린 통을 빠르게 원운동 시키면 원심력에 의해 통에 담긴 물체가 쏟아지지 않고 유지되죠. 이른바 회전의 바깥쪽을 향해 힘을 받는 것입니다. 같은 원운동으로부터 가벼운 물체는 작은 힘을 받고 무거운 물체는 더 큰 힘을 받게 됩니다. 우라늄-235와 우라늄-238은 매우 작은 정도지만 중성자 3개만큼의 질량 차이가 존재하니, 초고속 회전을 통해 약간씩이나마 분리가 이루어집니다. 원심 분리는 이외에도 여러 분야에서 사용되는 기법입니다. 병원에서 채혈한 혈액에 있는 혈장과 혈구들을 성분별로 분리할 때, 광석에서 불순물을 걸러 내거나 바이오디젤 연료를 정제할 때,

그리고 첨단 나노 물질을 농축하고 정제할 때 등 거의 모든 산업 분야에서 활용됩니다.

　이렇게 농축된 우라늄-235는 중성자를 만나면 두 개의 작은 원자핵(보통 바륨-141과 크립톤-92)으로 분열하며 3개의 중성자를 빠르게 쏘아 내게 됩니다.* 하나의 중성자를 충돌시켰을 뿐인데 세 개의 중성자가 튀어나오니, 이들은 또다시 주위의 다른 우라늄 원자핵들과 충돌해 핵분열을 일으켜 더 많은 중성자를 만들어 냅니다. 폭발은 화학 반응이 얼마나 빠르게 이루어지는가와 연관이 깊습니다. 같은 양의 에너지가 방출되더라도 매우 짧은 시간 동안 이루어지는 사건만 폭발이 되며, 오랜 시간 꾸준히 이루어지는 것은 추진 또는 연소에 해당하게 됩니다. 이때 사용되는 물질 역시 폭발물과 연료로 다르게 구분되죠. 핵분열의 연쇄 반응 속도는 우리가 상상하기 어려울 정도로 빠릅니다. 만약 1차 분열에서 3개의 중성자가 나오게 되면 그 이후의 1초 안에 약 1,000,000,000,000,000,000,000,000회(10^{24}회)의 분열이 뒤따를 정도죠. 흔히 등장하는 '임계질량'이라는 표현은 이 연쇄 반응이 이어지기 위해 필요한 물질의 최소 질량으로, 우라늄-235를 예로 들면 90%이상 농축된 상태로 52kg이 필요합니다. 실제로 맨해튼 프로젝트에 의해 탄생한 최초의 원자폭탄 '리틀 보이 Little Boy'는

---

* 　우라늄-235의 핵분열은 2개 혹은 3개의 중성자를 방출하는 비대칭 경향을 보인다. 2개 중성자 방출에서는 Ba-144/Kr-90, Xe-140/Sr-94, 혹은 Ce-144/Zr-90이 생성되며 3개 중성자 방출로부터는 Ba-141/Kr-92, Zr-92/Te-139 또는 La-149/Br-85가 만들어질 수 있다.

64kg의 고농축 우라늄을 사용해 총 80회의 연쇄분열을 일으켰다고 합니다. 매 분열마다 2개의 중성자가 방출되었다고 가정하면, 2^{80}의 근사치인 약 1.2×10^{24}개의 중성자가 방출된 셈입니다.

그렇다면 연쇄 반응의 무시무시함을 체험할 수 있을 만한 게임은 어떤 것이 있을까요? 하나의 행동이 연쇄적인 작용으로 더 큰 결과를 만들어 내는 경우는 다양한 로그라이크 게임에서 자주 나타납니다. 이는 랜덤으로 등장하는 카드를 추가하고 삭제하며 자신만의 덱을 만들어 탑을 오르는 〈슬레이 더 스파이어 Slay the Spire〉와 같이 카드의 효과들이 서로 갖물리는 로그라이크 방식의 덱빌딩 Deck-building 게임에서 두드러지며, 앞서 살펴본 〈문명〉 시리즈나 〈삼국지〉와 같은 전략 시뮬레이션에서도 선택에 뒤따르는 보상이나 파멸로 앞으로의 행보가 달라지기도 합니다. 어쩌면 이들은 연쇄 반응보다는 '스노우볼'이라는 표현이 더 적합할지도 모르겠습니다. 조금은 슬픈 상황이지만, 다양한 경영 시뮬레이션에 등장하는 자금 대출 이후에 빠지게 되는 채무 변제의 늪이 가장 현실적인 연쇄의 예시일 듯도 싶습니다. 하지만 그 무엇보다 원자폭탄의 연쇄 반응을 절실히 이해할 수 있는 것은 과거 한 시대를 풍미한 테트리스류 대전 게임이었던 컴파일 Compile 의 〈뿌요뿌요 ぷよぷよ〉일 겁니다.

〈뿌요뿌요〉는 말캉말캉해 보이는 다양한 색의 슬라임을 블록으로 삼아 플레이하는 퍼즐 게임으로, 직선으로 4개가 연결되는 순간 슬라임이 터져 대전 상대에게 방해뿌요를 투척하는 시스템으로 이루어집니다. 이제는 〈뿌요뿌요〉의 지적재산권 IP을 계승한 시리즈물을 제외하고는 새롭게 출시되지 않는 게임이지만, 귀여운 모습의 캐릭터와 함께 한 분야에 통달한 달인 혹은 심각하게 고여 버린 플레이어를 지칭하는 빠요엔(바요엔)이라는 인터넷 용어를 남기기도 했습니다.* 당연히 더 많은 연쇄를 끊이지 않고 성공시킬수록 강력한 공격을 가할 수 있는데, 간단한 계산식을 통해 그 증가량을 연산할 수도 있습니다. 방해뿌요는 얼마나 다양한 색상의 뿌요가 터졌는지, 얼마나 많은 뿌요가 연결되었는지, 그리고 얼마나 많은 연쇄가 이루어졌는지에 대한 누적 합산값에 제거된 총 뿌요 수의 곱을 바탕으로 추산됩니다. 결국 더 많은 연쇄가 이뤄질수록 공격의 무게감은 거대해지는 거죠. 원자폭탄의 연쇄 핵분열 반응이라고 하면 어쩐지 무서운 느낌이지만 그 폭발이 사실은 뿌요들이 터지는 것과 다를 바 없다고 생각하면 조금은 더 객관적으로 그 원리와 영향에 대해 고민해 볼 수도 있을 것 같습니다.

우주와 미래의 화학

지금까지 〈스타크래프트〉 속 해병의 장비부터 테란의 첨단 기술을 이해하기 위한 핵분열까지 살펴봤지만 여전히 아쉬움은 남습

---

* 빠요엔 혹은 바요엔이라는 말은 아르르 나쟈 アルル・ナジャ라는 캐릭터로 플레이 시 7연쇄 이상을 성공하면 나오는 주문이다. 수많은 방해뿌요로 상대를 흡사 질식시키는 듯 잔혹한 주문인 것 같지만, 실제로는 상대를 꽃으로 감동시켜 움직이지 못하게 만든다는 동화적인 설정을 가지고 있다.

니다. 〈스타크래프트〉의 출시가 1998년이라는 사실을 생각해 보면 아마 미래에 대한 상상력으로만 가득한 이야기라고 볼 수도 있겠습니다. 그렇다면 우리가 살아가는 현재의 시점에서 우주화학Cosmochemistry이 얼마나 달라지고 있을지 이야기하지 않을 수 없겠습니다.

우주와 화학의 관계는 다양하고, 그만큼 우주를 연구하는 화학의 종류도 다양합니다. 그중에서도 우주의 탄생고 구성 물질들에 대해 밝혀내는 천체화학Astrochemistry이 대표적입니다. 하지만 우리의 관심사는 아마 이것과는 조금 다른 곳에 있을 겁니다. 언젠가 우리의 삶의 터전이 될지도 모르는 우주에서는 화학 반응이 어떻게 이루어질지에 대한 기대와 걱정의 어우러짐에 가깝지 않을까 합니다. 과연 지구에서의 화학은 우주에서도 똑같이 적용될까요?

우주 공간과 지구의 가장 큰 차이는 중력의 세기입니다. 거대한 행성이 만들어 내는 중력에 모든 것이 잡혀 있는 지상과 달리 지구 표면에서 약 400km 이상 떨어진 상공을 도는 국제우주정거장ISS과 인공위성의 고도에서는 흔히 무중력이라 일컫는 미세중력 환경이 구현됩니다. 과연 아주 작고 가벼운 화학 분자 입장에서도 이러한 중력이 중요할지, 또 단지 분자들의 충돌과 결합의 변화로 이루어지는 화학 반응에도 중력이라는 다른 개념의 힘이 영향을 줄지에 대한 궁금증은 본격적인 우주 시대의 개막과 함께 점차 풀려 가는 중이라고 할 수 있습니다.

2024년 2월에는 후천면역결핍증후군(HIV) 치료제인 리토

나비르Ritonavir를 우주에서 합성해 고품질의 결정체로 지구까지 수송하는 데 성공했습니다. 흥미롭게도 지구에서 4일이라는 긴 시간이 필요한 결정화 작업이 우주에서는 23시간 만에 완료되었습니다. 의약품 회사인 머크Merck는 ISS에서 13가지 종류의 암을 치료할 수 있다고 알려진 면역항암제 펨브롤리주맙Pembrolizumab의 결정화를 성공했으며, 일본 우주항공연구개발기구JAXA는 단백질 결정 성장 실험을 통해 현재 치료가 불가능한 유전 질환으로 알려진 듀센형 근이영양증(근위축증)Duchenne muscular dystrophy 치료제 TAS-205의 구조를 설계하고 임상 시험까지 완료합니다.

특히 우주 환경은 생화학 반응에 큰 영향을 주는데, 최근 일본식 된장인 미소를 30일간 우주에서 발효한 결과, 지구에서보다 30% 더 강한 향과 함께 견과류의 풍미가 새롭게 추가되기도 했습니다. 미세중력 환경은 미생물의 대사 활동을 변화시켜 지구와는 다른 유기화합물 생성 패턴이 발견되며, 이는 지구에서보다 120배나 강한 우주 방사선에 노출된 미생물이 변이를 일으키기 때문으로 보입니다. 같은 맥락에서 유산균이나 맥주 등도 우주에서는 확연히 다른 화학 반응을 일으킵니다.

또 다른 우주 공간의 특징은 호흡하기 위한 산소가 없다는 점이죠. 물론 인간을 비롯한 동식물은 산소가 생존과 직접적으로 연관되어 있지만, 철이나 구리, 은과 같은 금속에게 산소는 자신을 부식시켜 다른 형태로 변화시키는 독과도 같습니다. 자연스레 우주에서는 금속의 안정성이 더욱 높아질 수밖에 없는데, 흥미로운 현상이 금속을 자를 때 일어납니다. 지구에서 두 조각으로 잘린 금속은 고온으로 용접하지 않는 한 다시 한 덩이로 붙지 않습니다. 너무나 당연한 사실이라고 생각할 수도 있겠지만 이것은 역시 산소의 영향으로 일어나는 현상입니다. 금속이 잘리며 높은 온도가 발생하게 되면 금속과 주위 공기 속의 산소가 매우 빠르게 결합 반응을 이뤄 금속 겉면이 산화막으로 뒤덮이게 됩니다. 반면 우주에서는 산소가 없으니 잘린 두 금속 조각을 가져다 대고 압력만 가하면 금속 원자들이 다시 배열하며 달라붙게 됩니다. 긴 떡을 가위로 잘라 두 조각으로 만들어도 단면을 가져다 대고 뭉쳐 주면 다시 끈끈하게 달라붙어 한 덩이가 되는 모습과 비슷하죠. 이를 '냉간 용접cold welding'이라 부릅니다.

지구는 이제까지 관측이 가능한 우주의 범위에서 생명이 존재하는 유일한 행성이자 인간의 터전입니다. 따라서 생명을 구성하는 화학 분자의 특이성을 살펴볼 때 의외의 흥미로운 특징이 드러날 수밖에 없습니다. 지구 생명체를 구성하는 아미노산은 L-아미노산으로 시계 반대 방향의 회전성을 갖습니다. 아미노산은 원자들이 연결된 배치 구조를 어떻게 표현하느냐에 따라 시계 방향과 반시계 방향 두 가지 형태로 나눌 수 있습니다. 반대로 시계 방향의 회전성을 갖는 D-아미노산¹이라는 구조도 존재하지만, 이 아미노산은 세균이나 양서류를 비롯한 일부 생명체를 제외하고는 합성하거나 사용할 수 없습니다. 생명체의 암호화된 유전 정보를 담고 있는 DNA 역시 이중 나선이 시계 방향으로 꼬여 있는 구조를 갖습니다. 반시계 방향의 DNA는 특수한 환경에서만 드물게 발견되며 일반적인 생명체에게 허당하지 않습니다. 왜 지구의 생명체에게 이러한 선택성이 형성되었는지는 아직 아무도 알지 못합니다. 어쩌면 우주에서의 연구를 통해 미래에는 이에 대한 단서를 찾아낼 수 있을지도 모르겠지만 말입니다.

우주에서의 화학은 아직 첫 장을 펼쳐 본 수준으로, 무한한 가능성과 예외의 영역이라고 할 수 있습니다. 화학은 지구의 수많은 물질을 찾고 만들고 분석해 왔습니다. 유기화학 분야로만 한정해도 이제껏 실험적으로 합성되어 검증과 등록이 완료된 유기 분자만 2025년 기준 2천만 종 이상입니다. 17개 이하의 원자를 가지면서 탄소, 질소, 산소, 황, 그리고 할로젠 원소들(F, Cl, Br, I)로만 이루어졌으며, 이론적으로 합성이 가능하고 다른 물질로부터 안정하게 분리될 수 있는 분자는 단순하게 수학적으로만 판단해도 약 1664억 가지나 됩니다. 광물이나 세라믹, 반도체 등 무기 물질의 경우는 오히려 더 많습니다.

만약 이들을 미세중력 환경에서, 반대로 거대 행성의 고중력 환경에서, 강렬한 우주 방사선 아래에서, 자기장이 없는 행성에서, 혹은 우주 공간 자체를 플라스크로 삼아 그 외부에서 반응시킨다면 무엇이 달라질까요? 그 결과는 아무도 알 수 없지만 하나 확실한 것은 누구도 해본 적 없기 때문에 오히려 흥미로움으로 가득하다는 사실입니다. 혹시 기술이 더 발전하여 현실과 고도로 유사한 물리 엔진과 화학 엔진을 적용해 완벽한 가상의 우주 환경을 구현할 수 있게 된다면, 그 게임은 더 이상 단순한 놀이가 아닌 거대한 사고 실험장이라고 해도 과언이 아닐 겁니다. 그런 측면에서 볼 때, 인간이 추구해야 할 궁극적인 가치와 세상의 구성 원리를 찾아 가던 고대 철학과, 현실의 불가능함을 넘어 창조적인 미래를 찾아가는 게임은 어쩌면 같은 맥락에 놓여 있는지도 모릅니다.

외전

화학자의
K-프로게이머 따라잡기

⟨스타크래프트⟩와 ⟨리그 오브 레전드⟩

⟨리그 오브 레전드League of Legends⟩는 라이엇 게임즈에서 개발한 AOS 장르의 게임으로 우리나라에서는 앞 글자를 따서 '롤LoL'이라는 이름으로 더 흔하게 불린다. ⟨리그 오브 레전드⟩ 대회는 전 세계 e스포츠 대회 중 가장 인기가 높고 이를 바탕으로 전 세계에 수많은 프로게임단이 존재한다. 그뿐만 아니라 이 게임은 2018 자카르타·팔렘방 아시안 게임에서 공식 시범 종목으로 채택되는 등, 현존하는 가장 대중적인 게임으로 인정받고 있다. 대한민국에서도 2011년 출시된 이후 청소년층과 젊은 성인층을 중심으로 꾸준히 사랑받고 있다.

임요환, 홍진호, 페이커 렛츠 고!

대한민국 게임 산업의 역사는 ⟨스타크래프트⟩에서 발원하여 ⟨리그 오브 레전드⟩의 시대를 지나고 있다 해도 무리가 없을 것이다. 임요환과 홍진호의 라이벌전을 보며 열광하던 사람들이 이제는 페이커의 플레이를 보며 감탄한다. 아무리 게임과 친숙하지 않은 사람이라 해도 아마 이 두 게임의 이름조차 모르는 사람은 우리나라에서 찾기 어려울 것이다. 〈스타크래프트〉와 〈리그 오브 레전드〉는 둘 다 미국 개발자들이 만들었지만 우리 나라에서 더욱 대중적인 인기를 구가했다. 서양 사람들이 게임을 좋아하지 않아서 그런 것은 아니다. 신기하게도 다른 문화권은 물론이고, 동양이나 서양 국가들 안에서도 사람들이 더욱 보편적으로 좋아하는 게임의 종류는 천차만별이다. 유독 우리나라에서만 〈스타크래프트〉와 〈리그 오브 레전드〉를 위시한 프로 게임 산업 및 게임 문화 콘텐츠 산업이 눈부시게 발전했다. 같은 기간 일본에서는 집에서 혼자 즐길 수 있는 콘솔용 싱글 플레이 게임들의 인기가 절대적이었다. 그리고 북미권에서는 스포츠, 슈팅 게임의 인기가 가장 높았다. 문화의 차이가 각 나라에서 선호되는 게임의 종류에 어떤 영향을 미치는지는 아마도 흥미로운 인문학적 주제가 될 것이다. 그렇다면 왜 우리나라 게이머들이 유독 이 두 게임을 좋아했을까? 두 게임은 여러 가지 공통점과 차이점을 가졌지만, 가장 눈에 띄는 공통점은 '실력'이라는 요소의 존재다. 방식은 다를지언정 두 게임 모두 나를 발전시키는 동시에 상대를 견제하기 위한 전략을 세우고 이를 효율적으로 수행해야만 승리를 쟁취할 수 있다. 이것이 우리나라에서 프로게이머라는 직업이 탄생할 수 있었던 요인이다. '실력'은 게이머가 게임을 단순히 즐기는 것에 그치지 않고, 호승심을 가지도록 자극한다. 그리고 마치 바둑이나 프로 스포츠의 경우처럼 훈련을 통해 실력을 쌓고 싶은 욕구를 불러일으키곤 한다. 이러한 측면에서 〈스타크래프트〉가 혼자서 하는 테니스나 당구와 비슷하다면, 〈리그 오브 레전드〉는 팀워크와 개인의 실력이 동시에 중요한 축구나 농구와 비슷하다.

스노우볼링

스포츠 게임에도 슈팅 게임에도 '실력'은 존재한다. 사실 소수의 게임을 제외하고는 거의 모든 게임이 그렇다. 그런데 〈스타크래프트〉와 〈리그 오브 레전드〉에는 좀 더 특별한 요소가 존재한다. 아마 〈리그 오브 레전드〉 프로 경기를 즐겨 시청하는 사람들에게는 '스노우볼링snowballing'이라는 개념이 익숙할 것이다. 이 말은 눈 덮인 내리막을 굴러가는 눈덩이가 시간이 지날수록 점점 커진다는 뜻에서 유래했는데, 한번 벌어진 사건들을 활용하여 상대와의 격차를 점점 더 벌려 나가는 게임 운영 전략을 뜻하는 말이다. 〈리그 오브 레전드〉에서는 상대방을 처치하고 나면 보상금과 경험치를 얻는다. 보상금으로는 강력한 아이템을 구입할 수 있고, 경험치를 통해 레벨이 오르며 내가 플레이하는 캐릭터의 능력치가 상승한다. 따라서 한번 상대를 처치하면 다음에 다시 만났을 때 다시 그를 처치할 수 있는 확률이 높아진다. 〈스타크래프트〉를 플레이할 때도 이와 비슷하다. 상대와의 국지전에서 더 많이 승리할수록 상대에 비해 더욱 많은 자원을 확보할 수 있고, 이를 바탕으로 상대와의 전력 차이를 더욱 벌릴 수 있다. 스노우볼링 요소를 가진 게임을 잘하기 위해서는 게임의 작은 요소들에서부터 상대보다 한 발자국씩 앞서 유리한 고지를 계속 선점해 나가는 능력을 키워야 한다. 순간적인 반응 속도를 내거나 곡예에 가까운 플레이를 할 수 있는지 여부는 그 다음 순번이다. 어쩌면 이런 점들이 수양을 게을리하지 않고 정진하며 작은 것부터

그림 외1-1. 〈리그 오브 레전드〉와 〈스타크래프트〉의 스노우볼링 요소
한 팀이 더 많은 골드를 획득하기 시작하면 점점 격차가 벌어지게 된다(상).
또한 치열한 전투를 통해 멀티를 차지하면, 다음 전투를
더욱 유리한 위치에서 준비할 수 있다(하).

외전 : 화학자의 K-프로게이머 따라잡기 〈스타크래프트〉와 〈리그 오브 레전드〉

한 단계씩 상대를 앞서가는 것을 정도正道라고 여기는 한국인의 정서와 부합했는지도 모른다. 한국의 게이머들은 〈스타크래프트〉의 게임이 시작할 때 주어지는 일꾼 유닛 4마리를 누가 더 빨리 갈라서 미네랄 채취를 시키는지, 또 〈리그 오브 레전드〉의 소환사의 협곡Summoner's Rift에서 누가 게임 초기에 더 많은 미니언minion을 처치했는지를 서로 경쟁적으로 연습하곤 했다. 초반의 반복적인 차이가 게임의 승패를 가른다고 믿었기 때문이다.

생각해 보면 우리 삶의 많은 부분을 스노우볼링이 지배한다. 아마도 경제학의 복리 효과를 가장 먼저 떠올리는 독자가 많을 것이다. 복리 효과 덕분에 어느 시점에서 벌어진 자산 격차는 시간이 가면 갈수록 점점 더 벌어질 확률이 높다. 어느 유튜브 채널에 시청자가 모이기 시작하면 그 채널이 생산하는 콘텐츠의 파급 효과가 점점 강해지고 결과적으로 더 많은 시청자가 생겨나는 것과 같다. 생물학 교과서에서도 비슷한 예시를 찾아볼 수 있다.* 엄마가 아이를 출산할 때 태아가 산도를 압박하면 뇌하수체에서 옥시토신이 분비되고, 옥시토신은 엄마의 자궁을 더욱 수축시킨다. 이렇게 되면 태아가 산도를 더욱 강하게 압박하고, 이 결과는 또 다시 옥시토신의 분비로 이어진다. 또한 신경 세포가 일정량 이상의 화학 자극을 받게 되면 세포막 채널을 통해 나트륨 이온이 세포 안으로 들어오고, 들어온 나트륨 이온은 더 많은 채널을 열어 더 많은 나트륨 이온을 불러들여 세포를 발화시킨다. 진화의 세계에

---

* 여기에 '양의 피드백'이라는 표현이 자주 사용된다.

서는 어느 유전자가 생존에 조금이라도 더 유리한 표현형을 가졌다면, 스노우볼링의 힘에 기대어 자신의 유전자가 후대를 지배하도록 할 수도 있다. 이밖에도 국가의 흥망성쇠, 인간관계의 발전 등 스노우볼링의 요소를 발견할 수 있는 분야는 실로 무궁무진하다.

화학에게 스노우볼링이란?

이쯤 되면 스노우볼링은 이 세상의 모든 것을 결정하는 마스터키처럼 보인다. 하지만 이상하게도, 화학의 세계에서는 스노우볼링을 좀처럼 만나기 어렵다. 여기에 대한 해답은 고등학교 화학 교과서에서 찾을 수 있다. 학창 시절 배우는 화학 반응들을 떠올려 보면 반응 속도는 반응 초기에 가장 빠르고 시간이 갈수록 점차 느려져서 평형에 이른다. 왜냐하면 시간이 갈수록 반응물은 점점 줄어들고 생성물은 점점 늘어나는데, 화학 반응의 순간 속도는 대개 반응물의 농도에 비례하기 때문이다. 따라서 우리는 어떤 화학 반응이 언제쯤, 그리고 반응물을 얼마나 소비하고 멈출지 예측할 수 있다. 어디서 멈출지를 예측하는 것은 곧 반응의 평형점을 계산할 수 있다는 것을 의미한다. 평형점의 계산은 화학의 핵심 분야 중 하나인 열화학thermochemistry의 근간이다. 화학자들은 열화학을 토대로 분자들의 상대적인 에너지를 계산하고 화학 반응을 예측하는 데 길들여져 있다.

물론 화학에서 스노우볼링 현상을 아예 찾을 수 없는 것은

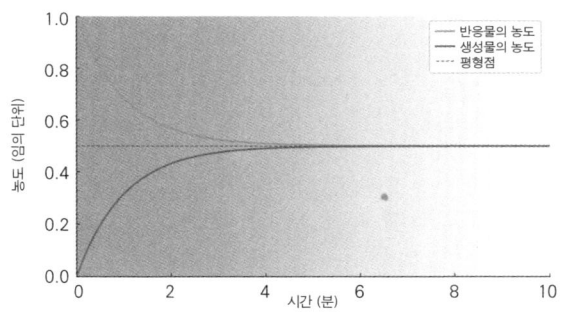

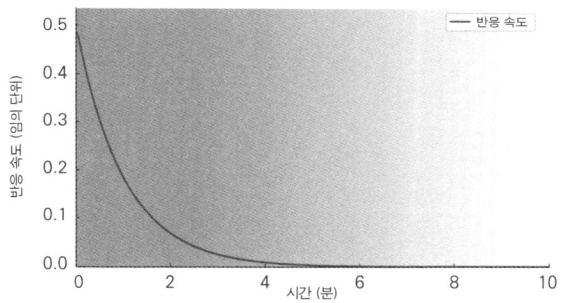

그림 외1-3. 일반적인 화학 반응에서의 시간에 따른 반응물 농도와 생성물 농도 변화(상), 그리고 반응 속도의 변화(하)

아니다. 자가촉매autocatalysis라는 화학 현상이 있다. 자가촉매는 어떤 화합물(혹은 어떤 화학 구조)이 직접 스스로를 생성하는 반응의 촉매가 되는 것을 의미한다. 1장에서 이야기했던 자기복제와 자가촉매는 얼핏 비슷해 보이지만 밀접한 연관이 있을 뿐 엄연히 다르다. 정확히 말하면 자기복제는 자가촉매의 가장 흔한 예시이다. 자가촉매 반응의 특별한 점은 시간이 갈수록 반응 속도가 감소하지 않고 오히려 증가한다는 것이다. 즉, 우연한 기회에 소량의 생성물이 생기면 반응물이 전부 소비될 때까지 시간이 갈수록 반응 속도가 점점 더 빨라진다. 반응이 진행되며 만들어

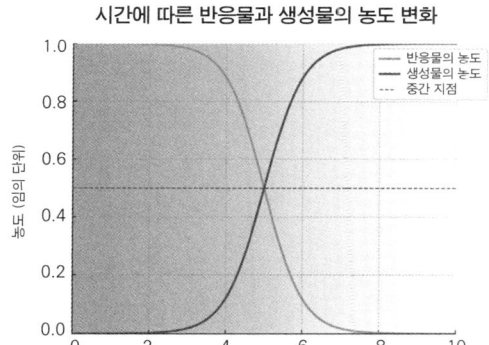

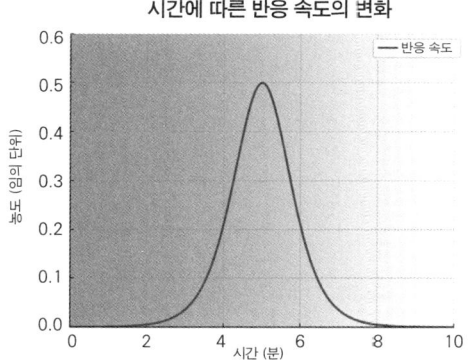

그림 외1-4. 자가촉매 반응에서의 시간에 따른 반응물 농도와 생성물 농도 변화(상), 그리고 반응 속도의 변화(하)

지는 생성물이 스스로 촉매가 되어 반응물이 모두 소비될 때까지 반응을 가속화하기 때문이다. 그리고 시간이 갈수록 점점 반응이 빨라진다는 것은 더 이상 평형점을 논할 수 없음을 뜻한다. 다시 말해, 반응이 처음부터 끝까지 '비평형non-equilibrium 상태'에서 일어난다는 뜻이다. 화학자들은 비평형 상태에서 일어나는 예측 불가한 반응에 익숙지 않다. 그래서 자가촉매 반응은 학창 시절 화학 교과서에서 등장하지 않는다. 이것이 화학에서 스노우볼링을 찾아보기 어려운 가장 큰 이유다.

6장에서 자세히 다루었던 질산 칼륨의 폭발 반응 부분을 열심히 읽었던 독자는, 이 대목에서 질산 칼륨을 떠올렸을지도 모른다. 만약 그랬다면 훌륭한 화학적 통찰을 가진 사람이니 자랑스러워해도 좋다. 질산 칼륨과 탄소 혼합물의 연소 반응은 연소가 진행될수록 연소를 더욱 촉진시키므로 자가촉매 반응의 정의에 부합한다. 하지만 이것은 화학적으로 매우 이례적인 케이스다. 방사성 동위원소의 분열이 연쇄적으로 일어나는 원자폭탄의 사례도 마찬가지다. 이 이례적인 반응의 결과가 폭발이라는 사실은 주목할 만하다. 질산 칼륨과 원자폭탄의 사례는 화학과 스노우볼링은 서로 만나서는 안 되는 위험한 한 쌍이라는 인상을 준다.

소수지만 '화학적 스노우볼링'에 관심이 있는 화학자들도 꽤 존재한다.* 〈스타크래프트〉, 〈리그 오브 레전드〉와 함께 학창 시절을 보낸 필자 K도 그중 한 명이다. 하지만 모두가 폭발물을 연

---

* 물론 화학자들은 비평형화학non-equilibrium chemistry, 혹은 시스템화학systems chemistry 등 좀 더 점잖은 표현을 사용한다.

구한다는 뜻은 아니다. 화학이 스노우볼링을 통해 빚어낸 최고의 산물은 사실 따로 있다. 바로 생명이다. 모든 생명체는 자기복제의 능력을 지녔으므로, 개체수가 많으면 많을수록 그 수가 늘어나는 속도 또한 빨라진다. 물론 생명은 화학자들이 아니라 자연이 만들었다. 화학자들은 온갖 복잡한 화합물들을 만들 수 있지만, 아직 생명을 만들어 낼 수는 없다. 일부 화학자들은 이 차이가 스노우볼링을 지렛대로 사용하는 능력에 달려 있다고 믿는다. 화학자들은 화학 반응을 평형에 이르게 하고, 최종 산물의 순도를 높이기 위한 노력을 끊임없이 해왔다. 이에 반해 자연은 필요하면 평형에서 얼마든지 벗어났고, 스노우볼링을 요소요소에 적극 활용해 왔다. 스노우볼링을 연구하는 화학자들은 이러한 자연과 인간의 차이를 매우 중요하게 여긴다. 평형에서 벗어난 영역에서 이루어지는 화학 반응을 이해하고 이를 구현해야만 생명을 온전히 이해할 수 있다고 믿기 때문이다. 평형으로 제어되지 않는 화학 반응은 문자 그대로 폭탄이 될 수도 있지만, 역설적으로 이를 잘 제어하면 불가능을 가능케 하는 힘이 될 수도 있다.

포르모스 반응

자가촉매 반응 중 가장 널리 알려진 것은 '포르모스 반응Formose reaction'으로, 무려 1861년에 발견된 어마어마하게 오래된 반응이다. 포르모스 반응은 포름알데히드Formaldehyde라는 단순한 분자 하나에서 출발한다. 포름알데히드는 탄소 1개, 산소 1개, 수소 2개로 이루어진 작은 분자다. 일상에서도 흔히 쓰인다. 방부제, 살균제, 건축 자재용 접착제 등에 포함되어 있어, 새집 냄새의 원인 물질로도 잘 알려져 있다. 탄소를 하나 가지고 있는 포름알데히드 분자는 또 다른 포름알데히드 분자와 만나 탄소 두 개를 가진 글리콜알데히드Glycolaldehyde를 만들 수 있다.* 이 반응은 자발적으로 일어나긴 하지만 속도가 매우 느리고 지루하다. 하지만 이 반응을 흥미롭게 해주는 것은 글리콜알데히드가 포름알데히드 분자 두 개의 첨가 반응, 곧 스스로를 만드는 반응의 촉매로 작용한다는 점이다. 이렇게 되면 포름알데히드 분자 몇 개가 글리콜알데히드로 바뀌는 순간, 반응은 마치 눈덩이처럼 굴러가기 시작한다. 포름알데히드가 빠르게 소모되고, 더 복잡한 분자들이 그만큼 더 빠르게 등장하기 시작한다.

    포르모스 반응이 특별한 이유는 자가촉매의 성향을 가지고 있기 때문만은 아니다. 글리콜알데히드는 축합 반응을 통해 다른 분자와 결합을 형성하기에 알맞은 분자다. 분자 간 축합 반응**에 참여하는 작용기 한 쌍을 볼트와 너트에 비유하자면, 글리코알데히드는 볼트 1개와 너트 1개를, 포름알데히드는 너트 1개만을 가

---

   *   알돌 첨가 반응aldol addition reaction을 통해 결합을 형성한다. 알돌 반응은 두 알데히드aldehyde (또는 케톤ketone) 분자가 결합하여 새로운 탄소-탄소 결합을 형성하는 반응으로, 경우에 따라 탈수 과정을 거쳐 이중 결합을 가진 화합물로 이어지기도 한다.
  **   정확히는 카보닐기carboyl group을 가진 두 개의 분자 간 일어나는 알돌 축합 반응aldol condensation이다.

진 물질이다. 그런데 이 볼트와 너트는 좀 특별해서, 서로 만나서 연결되면 그 자리에 새로운 너트를 다시 내놓는다. 그래서 글리콜알데히드와 포름알데히드가 만나면 볼트 1개와 너트 2개를 가진 글리세르알데히드Glyceraldehyde가 만들어진다. 이 지경이 되고 나면 용액 속에 존재하는 분자들이 서로의 볼트와 너트를 이용하여 얼마든지 결합을 형성할 수 있게 된다. 앞서 언급된 자가촉매 현상 때문에 볼트와 너트로 무장한 분자들이 계속해서 나타나기 때문이다. 탄소 1개짜리 화합물에서 시작한 반응은 어느 새 탄소 5개 혹은 6개짜리 분자를 만들어 낼 수 있는 단계에 이른다. 정말 흥미로운 건, 이렇게 생성된 탄소 6개짜리 분자들 중 일부는 바로 우리가 '당'이라 부르는 탄수화물carbohydrate과 같은 구조를 갖는다는 점이다. 즉, 지구상에 널리 존재하는 포름알데히드라는 단순한 물질에서 생명의 주원료인 탄수화물이 자연스럽게 생성될 수 있다는 것이다. 포르모스 반응은 자가촉매 반응의 에너지가 생명을 유지하는 데 필요한 분자를 만들어 낼 수 있음을 보여주는 대표적인 예시다.

그러나 포르모스 반응은 그만큼 제어하기 어려운 반응이기도 하다. 한번 반응이 시작되면 매우 빠르게 여러 종류의 탄소 골격을 가진 분자들이 생성되며, 그 구조는 종종 예측이 불가능하기 때문이다. 이처럼 결과가 일정하지 않고 다양한 방향으로 가지를 치는 반응의 속성은 자연이 여러 종의 생명을 통해 분자 다양성을 폭발적으로 증가시키는 메커니즘과도 같다. 통제 불가능한 반응에서 생명의 씨앗이 움텄다는 점은 우리에게 생명이란 본

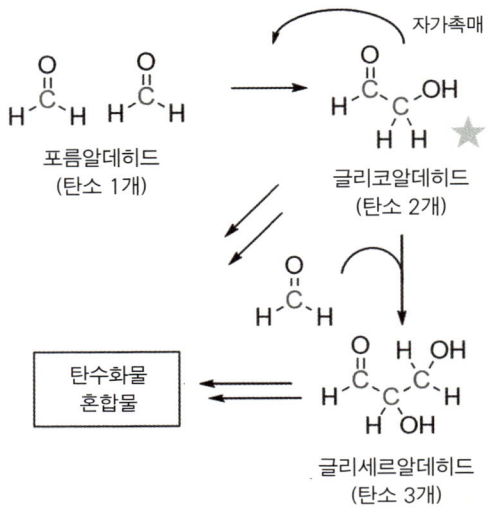

그림 외1-5. 포르모스 반응의 모식도

디 확고한 질서라기보다 창발성의 산물이라는 것을 상기시킨다.

소아이 반응

왼손과 오른손은 서로 마주 본 상태에서는 완벽히 겹쳐질 수 있지만, 같은 방향을 본 상태에서는 불가능하다. 서로가 서로의 좌우대칭형이기 때문이다. 거울을 통해 보는 사물을 모두 실제 형태의 좌우대칭형이다. 그래서 어떤 사물의 좌우대칭형을 '거울상

mirror image'이라고 한다. 손뿐만 아니라 귀, 발과 같이 우리 몸에서 한 쌍으로 존재하는 것들은 대개 서로 거울상이다. (물론 실제로는 정확한 거울상이 아니다.) 그래서 우리 몸에 맞춰 만들어진 구두, 장갑, 헤드폰 등도 모두 서로 거울상인 한 쌍으로 이루어져 있다. 모든 물체가 거울상을 가지는 것은 아니다. 야구공이나 배트는 좌우대칭형이 있더라도, 거울상과 원래 물체가 동일하다. 거울상과 실제 물체가 서로 다르려면 물체는 특정한 기하학적 조건, 예를 들어 대칭면이 없어야 한다는 등의 기준을 만족해야 한다.

거울상의 규칙은 야구공보다 크기가 천만 배에서 억 배 정도 작은 분자의 세계에도 그대로 적용된다. 어떤 분자는 좌우대칭을 시켜도 자기 자신과 똑같은 반면, 어떤 분자는 자신의 거울상을 가진다. 분자의 거울상은 그 분자를 이루고 있는 원소의 종류, 결합의 종류가 모두 같기 때문에 화학적 특성이 원래 분자와 거의 같다. 이때 원래 분자와 거울상 간의 관계를 '거울상 이성질체 enantiomer'라고 한다. 그리고 거울상을 가질 수 있는 분자는 '카이랄성chirality'을 가졌다고도 표현한다. 화학자들이 이렇게 어려운 이름을 덕지덕지 붙여 놓았다는 것은 그것을 매우 중요하게 여긴다는 뜻이다. 실제로 거울상 이성질체는 현대 유기화학의 분야의 꽃이다. 거울상 이성질체는 서로 화학적 성질이 비슷하여 따로 분리해 내는 것이 매우 어렵다. 하지만 전 세계의 유기화학자들은 두 거울상 이성질체 중 한 가지만 합성하고 분리할 수 있는 반응을 개발하는 데에 많은 역량을 투입하고 있다.

그렇다면 화학적 성질이 동일한 거울상 이성질체를 분리해

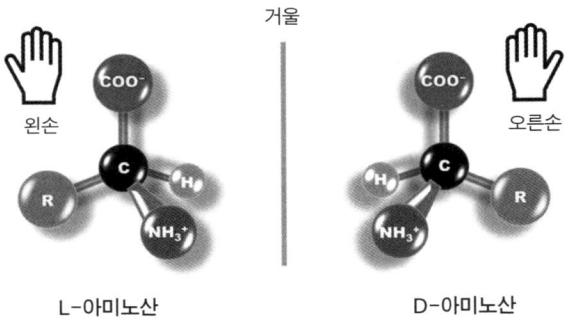

그림 외1-6. 거울상 이성질체의 예시

내는 일이 화학적으로 왜 중요할까? 이것은 거울상 이성질체들의 생리 활성이 극적으로 엇갈리는 경우가 많기 때문이다. 생체 분자 역시 거울상 이성질체를 가질 수 있다. 단백질을 이루는 아미노산, 탄수화물을 이루는 단당류는 모두 카이랄성을 가진다. 화학자들은 거울상 이성질체를 구별하기 편하도록 이름을 붙여 구별한다. 이를테면 '왼손형'과 '오른손형'과 같이 분류할 수 있다. 인간부터 미생물까지 종을 가리지 않고 대부분의 아미노산과 단당류는 한 쌍의 거울상 이성질체 중 어느 한쪽으로만 이루어져 있다. 그래서 어떤 분자의 '왼손형'이 어떤 단백질과 결합하여 특별한 활성을 보였다면 그 분자의 '오른손형'은 그럴 수 없다. 오히려 '왼손형'이 하는 일을 방해하는 경우도 적지 않다.

애석하게도 카이랄성을 가지는 분자를 생성하는 대부분의 화학 반응은 한 쌍의 거울상 이성질체를 각각 같은 확률로 만들어 낸다. 두 이성질체가 화학적으로 거의 동일하기 때문이다. 이 문제는 두 가지 측면에서 화학자들을 괴롭히고, 또 즐겁게 하기도 한다. 첫 번째는 약으로써 가치가 있는 복잡한 분자를 합성하려는 유기화학자들을 괴롭힌다. 한 종류의 거울상 이성질체만을 선택적으로 만들어 낼 수 있는 유기 반응의 개발을 강요당하기 때문이다.* 유기화학자들은 이 문제를 해결하기 위해 복잡하게 설계된 3차원 금속-유기분자 복합 촉매를 이용한다. 두 번째로, 생명이 태동할 때 어떻게 한 종류의 거울상 이성질체만 사용하게 되었는지에 대한 근본적인 의문을 가지도록 만든다. 아주 흥미로운 이 문제에 대답할 수 있다면, 아마도 생명이 어떻게 생겨났는지에 대한 중요한 힌트를 얻게 될 것이다.

일본의 화학자 겐조 소아이Kenso Soai가 1995년에 발표한 '소아이 반응Soai reaction'은 매우 특별한 종류의 자가촉매 반응이다. 바로 거울상 이성질체와 관련된 자가촉매 반응이기 때문이다. 이 반응의 생성물은 카이랄성을 가지는 알코올이고, 당연히 자가촉매로 작용한다. 그런데 이 자가촉매 기능이 자신의 거울상 이성질체에는 적용되지 않는다. 즉, '왼손형' 알코올이 만들어지는 순간 '오른손형' 알코올 보다 점점 더 많아진다. 따라서 시간의 흐름에 따른 두 거울상 이성질체의 농도를 화학적으로 분석해 보면, 시간이 갈수록 격차가 벌어진다. 전 세계 화학자들은 생명체가 가진 생분자biomolecule들이 모두 한쪽 거울상 이성질체를 가

---

* 이를 '비대칭 반응asymmetric reaction'이라고 한다.

지는 이유를 단박에 설명해 주는 결과라며 흥분했다.

대한민국이 잘할 수 있는 화학

포르모스 반응도 소아이 반응도 발견된 지 30여 년이 넘었다. 학계에서 30년은 한 과학자의 생애가 온전히 담길 수도 있는 긴 시기다. 하지만 아직도 이 두 반응이 자가촉매 반응이 될 수 있는 화학적 원리는 명확히 밝혀지지 않았다. 다른 자가촉매 반응들도 좀처럼 발견되지 못하고 있다. '스노우볼링 화학' 연구가 얼마나 어려운지 보여 주는 대목이다. 이것이 어려운 이유는 화학의 목적이 대개 물질의 합성이기 때문이다. 화학자들은 합성하고자 하는 목표 화합물을 상정하고, 어떻게 하면 100% 수율, 100% 순도로 이를 얻을 수 있을지 고민한다. 수율과 순도는 제품을 생산하는 화학 공정 최적화의 핵심이다. 이것은 화학자들로 하여금 숫자에 집착하도록 만든다. 목표 화합물과 수율, 순도가 정해져 있기 때문에 화학자들은 열린 결말을 좋아하지 않는다.

그러나 스노우볼링 화학을 연구하기 위해서는 열린 결말을 인정해야만 한다. 자가촉매 반응의 경우처럼 좀처럼 제어되지 않는 반응 속도와 예측 불가능한 결과물을 만나기 십상이다. 예측 불가능성은 화학에서 양날의 검이다. 예측 불가능한 화학 반응은 쓸모없을 확률이 높지만, 때때로 생각지도 못한 성과를 얻을 수도 있다. 마치 대다수의 돌연변이는 정상적인 삶을 영위할 수 없지만, 그중 소수는 기존 개체들보다 압도적으로 생존에 유리해지는 것처럼 말이다. 약 250년의 역사를 가진 현대 화학은 서구와 일본의 화학자들에 의해 주도되었던 것이 사실이다. 이들이 정립한 화학 연구 방법론은 예측 불가능성을 배척하는 방향으로 발전하였다. 그러나 미래의 화학은 아마 스노우볼링 요소를 계산에 넣을 수 있는 화학자들이 주도할 것이다. 우리나라 게이머들이 스스로를 갈고닦으며 독특한 문화 콘텐츠 산업을 꽃피웠던 것처럼, 이제는 우리나라 화학자들이 눈덩이를 굴릴 차례다.

나가며

우리는 이 책을 통해 게임 속 가상의 세계와 현실의 과학을 넘나드는 여정을 함께했습니다. 〈스포어〉의 미완성된 생명의 진화부터, 〈엘든 링〉의 연금술적 상징, 〈오푸스 마그눔〉의 기계적 원소 결합과 〈젤다의 전설〉의 화학 반응을 넘어 한국인의 민속놀이 〈스타크래프트〉까지, 게임은 단순한 놀이를 넘어 세상을 이해하는 거대한 실험실이었습니다. 게임의 매력은 화려한 그래픽과 도전적인 목표, 그리고 한 편의 영화를 보는 듯한 스토리에만 있는 것이 아니라, 그 안에 숨겨진 과학적 원리와 철학적 깊이에서도 찾아볼 수 있음을 발견했죠.

    게임이 우리를 사로잡는 힘은 현실 세계의 불완전함에서 시작됩니다. 그러나 게임의 진정한 가치는 현실의 법칙을 재해석하고, 그 속에서 새로운 창조와 실험을 가능하게 한다는 점입니다. 마치 화학자가 비커와 플라스크 속에서 분자를 조합하고 새로운 물질을 만들어 내듯, 게이머는 픽셀로 이루어진 가상 세계에서 자신만의 우주를 창조하고 탐험합니다.

    자라 온 시대에 따라 떠올리는 인생의 첫 오락은 각자 다를 것입니다. 필자들과 또래 세대라면 오락실에서 100원짜리 동전 하나를 넣고 최대한 오래 즐기려 노력했던 기억이 있을 테죠. 뒤이은 세대의 독자들이라면 조금이라도 더 저렴한 PC방을 찾아 친구들과 몰려다녔거나, 도무지 마음대로 되지 않는 인형 뽑기 앞에 매달렸거나, 또는 코인 노래방에서 즐거운 시간을 보냈으리라 생각합니다. 우리는 다양한 형태의 게임이 주는 즉각적인 쾌감에 매료되어 왔습니다. 부모님의 걱정 어린 시선에도 불구하고, 게임은 우리에게 단순한 오락 이상의 의미였습니다. 게임은 협동과 경쟁의 즐거움을 알려 주었고, 끝없는 도전과 실패, 그리고 마침내 성공할 때의 희열을 경험하게 합니다. 학업과 사회생활에서처럼 실패가 커다란 슬픔, 절망, 대가로 다가오는 현실과 달리, 게임은 이 모든 난관을 한 발짝 떨어져서 체험할 수 있는 기회를 주죠.

게임은 필자들의 유년 시절을 채워 주었고, 그 경험은 지금의 저희가 과학이라는 미지의 세계에 끊임없이 질문을 던지는 원동력이 되었습니다. 게임이 준 영감은 화학자에게 필요한 창의적인 사고 방식과 문제 해결 능력을 길러 주었으며 게임의 언어로 복잡한 과학을 풀어낼 수 있었습니다.

이 책을 마무리하며 다시 한번 게임의 가치를 생각합니다. 게임은 기술 발전의 최전선에 서 있습니다. 이제 게임은 인공 지능과 가상 현실, 양자 컴퓨팅 등 첨단 기술의 경계를 허물고 현실과 가상의 경계를 모호하게 만들고 있습니다. 무서운 이야기지만 현재 벌어지고 있는 전쟁도 드론과 원격 조종 장치를 통해 생명의 무게가 가볍게 느껴지는 게임의 형태로 변하고 있습니다. 앞으로의 게임은 단순히 현실을 모방하는 것을 넘어, 아직 존재하지 않는 세계와 법칙을 창조하는 도구가 될 것입니다. 어쩌면 미래의 화학자들은 게임 시뮬레이터를 통해 새로운 분자를 설계하고, 반응 경로를 최적화하며, 생명의 기원에 대한 단서를 찾아낼지도 모릅니다. 게임과 과학의 경계가 무너지는 이 흥미로운 시대에, 필자들은 기꺼이 게임하는 화학자로 남고자 합니다.

게임은 하나의 거대한 화학 반응입니다. 플레이어의 선택이라는 촉매가 가상의 세계라는 반응물과 만나 예측 불가능하면서도 아름다운 생성물을 만들어 냅니다. 우리는 이 생성물들을 탐험하며 우리의 세상을 더욱 깊이 이해하게 됩니다. 이 책을 통해 게임을 즐기는 모든 이들이 게임 속에서 또 다른 과학적 아름다움을 발견하고, 자신만의 호기심을 키워 나가기를 바랍니다. 게임에서 시작된 작은 궁금증이 언젠가 세상을 바꿀 위대한 과학적 발견으로 이어질 수 있습니다.

이제 여러분의 차례입니다. 게임이라는 무한한 실험실에서, 여러분의 호기심을 마음껏 폭발시켜 보시기 바랍니다.

오늘도 게임하는 화학자

초판 1쇄 발행 | 2025년 12월 10일

지 은 이 | 장홍제, 강경태
펴 낸 이 | 이은성
편 집 | 고정희, 구윤희, 김승현
디 자 인 | O-H-!

펴 낸 곳 | 필로소픽
주 소 | 서울시 종로구 창덕궁길 29-38, 4-5층
전 화 | (02) 883-9774
팩 스 | (02) 883-3496
이 메 일 | philosophik@naver.com
등록번호 | 제2021-000133호

ISBN 979-11-5783-386-3 03430

필로소픽은 푸른커뮤니케이션의 출판 브랜드입니다.